Verfahrenstechnik in Einzeldarstellungen

Herausgegeben von Dr.-Ing. J. Spangler und Dr.-Ing. W. Matz

4

Temperatur- und Spannungsverteilung in ausgemauerten zylindrischen Reaktionsgefäßen

Anheiz- und Abkühlvorgänge

Von

Dipl.-Phys. Richard Neubauer

Darmstadt

Mit 59 Abbildungen

Springer-Verlag Berlin Heidelberg GmbH

Mitteilung aus dem Institut für Praktische Mathematik (IPM)
Prof. Dr. A. Walther, Technische Hochschule Darmstadt

Auszug aus einer Dissertation in der Fakultät
für Mathematik und Physik der TH Darmstadt, D 17.
Referent Prof. Dr. A. Walther, Korreferent Dr.-Ing. W. Matz

ISBN 978-3-540-02345-6   ISBN 978-3-642-48213-7 (eBook)
DOI 10.1007/978-3-642-48213-7

Zur Einführung

Dieses Buch bringt die noch fehlenden Untersuchungen der nicht stationären Wärmeströmung und der hierbei auftretenden Wärmespannungen bei ausgemauerten stählernen Gefäßen und stellt somit eine Ergänzung des 1. Bandes dieser Sammlung dar. Wie schon damals angedeutet, ist die Lösung der Aufgabe des nicht stationären Problems mathematisch nicht mehr so einfach, weil das Auftreten von zwei Veränderlichen auf partielle Differentialgleichungen führt. Ich nehme jedoch an, daß die Art der Behandlung des Stoffes im vorliegenden Buch einem wissenschaftlich gebildeten und selbständig denkenden Ingenieur, wenn er sich auch sonst im allgemeinen mehr an die unmittelbar praktisch verwendbaren Ergebnisse halten mag, keine großen Schwierigkeiten bereiten wird. Die mathematische Behandlung der atomaren Energieumsetzungen stellt ja heute noch größere Ansprüche an das wissenschaftliche Denken des Ingenieurs. Immerhin sind in dem vorliegenden Buch durch eine verhältnismäßig nicht zu große Anzahl von Tabellen und Kurventafeln viele Verstandesbrücken zwischen reiner Wissenschaft und Praxis geschlagen, so daß auch der reine Praktiker nach kurzem Studium den Inhalt des Bandes mit Erfolg benutzen kann. Es wäre wohl nicht möglich gewesen, die Kurvendarstellung in so kurzer Zeit oder überhaupt rechnerisch durchzuführen, wenn dem Bearbeiter nicht die Rechenhilfsmittel des Instituts für Praktische Mathematik (IPM) der Technischen Hochschule Darmstadt bei Herrn Professor Dr. A. WALTHER zur Verfügung gestanden hätten, er selbst ihn nicht mit Rat und Tat unterstützt hätte, und wenn nicht die Max-Buchner-Forschungsstiftung, der Hessische Minister für Arbeit, Wirtschaft und Verkehr sowie das Battelle-Institut für Deutschland die Arbeiten des Verfassers großzügig finanziert hätten. Da ich als Verfasser des 1. Bandes über Ausmauerung an der Behandlung des vorliegenden instationären Problems besonders interessiert war, möchte ich es nicht verfehlen, allen oben erwähnten maßgebenden Stellen, besonders aber dem Herrn Verfasser selbst meinen herzlichsten Dank an dieser Stelle auszusprechen. Ich wäre hocherfreut, wenn das vorliegende Buch über die Berechnung bei nicht stationärem Wärmefluß an den Hochschulen und in der Praxis ebenso viele Freunde finden würde wie der 1. Band über die Berechnung der Ausmauerung stählerner Gefäße bei stationärem Wärmefluß.

Frankfurt a. Main-Höchst, im Sommer 1957

W. Matz

Inhaltsverzeichnis

I. Übersicht

Ein wichtiges Problem der chemischen Technik ist die Berechnung ausgemauerter stählerner Reaktionsgefäße. Bekanntlich treten bei Wärmefluß durch die Wandungen der Behälter, d. h. bei Reaktionsablauf unter erhöhter Temperatur, im Mauerwerk Wärmespannungen auf, die eine Beschädigung hervorrufen können.

Aus den letzten Jahren stammen verschiedene wertvolle Arbeiten über dieses Thema. Vor allem sei hier das Buch von Dr.-Ing. WERNER MATZ, Farbwerke Hoechst[1], genannt. MATZ untersucht die Fragen ausführlich theoretisch und entwickelt gebrauchsfertige Rechenvorschriften. Allerdings beschränkt er sich auf den stationären Wärmefluß durch die Wandung der Behälter.

Von gleichem Interesse ist die Kenntnis der instationären Wärmeströmung beim Anheiz- und Abkühlvorgang und der daraus resultierenden Spannungsverteilung. Über dieses Gebiet entstand auf Anregung von MATZ die vorliegende Arbeit. Sie fand großzügige Unterstützung durch die Max-Buchner-Forschungsstiftung, durch den Hessischen Minister für Arbeit, Wirtschaft und Verkehr und durch das Battelle-Institut für Deutschland und wurde im Institut für Praktische Mathematik (IPM) der Technischen Hochschule Darmstadt bei Prof. Dr. A. WALTHER ausgeführt[2,3].

Das Ziel war, nicht nur die mathematischen Ansätze und Formeln für den instationären Zustand bereitzustellen, sondern die wesentlichen Ergebnisse der verwickelten mathematischen Berechnungen für den Praktiker in einer nicht allzu großen Anzahl von Zahlen- und

---

[1] MATZ, W.: Berechnung der Ausmauerung stählerner Gefäße. 1. Bd. der Sammlung „Verfahrenstechnik in Einzeldarstellungen". Berlin/Göttingen/Heidelberg: Springer 1953.

[2] Über die Ergebnisse und den Fortgang der Arbeit wurde zur Zeit ihrer Entstehung (1954 und 1955) jeweils in Institutsberichten des Institutes für Praktische Mathematik berichtet, und zwar in den Berichtsreihen „Wärmeleitprobleme" und „Wärmespannungsprobleme".

[3] Meinem verehrten Lehrer, Herrn Professor WALTHER, den Herren Dr. MATZ und Dr. TROLTENIER sei an dieser Stelle herzlich gedankt für Rat und Hilfe bei der Entstehung der vorliegenden Arbeit. Nicht zuletzt dankt der Verfasser den oben erwähnten Stellen für ihre finanzielle Unterstützung.

Kurventafeln so zusammenzufassen, daß sich für einen gegebenen Behälter in einfacher und bequemer Weise die Zahlenwerte der maximalen Spannungen aufsuchen lassen. Im ersten Teil befassen wir uns mit der formelmäßigen Herleitung, im zweiten Teil bringen wir einen Überblick über die zahlenmäßige Auswertung, deren kurvenmäßige Darstellung sowie ein Beispiel, welches die Anwendung der gefundenen Ergebnisse erläutert. Der Anhang enthält die wichtigsten Zahlentafeln sowie zwei Netztafeln.

II. Formelmäßige Herleitung

A. Wärmeleitproblem

1. Anheizvorgang

a) Physikalische Vereinfachungen. Differentialgleichung und Anfangsbedingung

Wegen des großen Durchmessers der zylindrischen Behälter im Vergleich mit der Wandstärke darf man die Berechnung des Temperaturfeldes als ebenes und, wenn man den Wärmefluß in Achsenrichtung

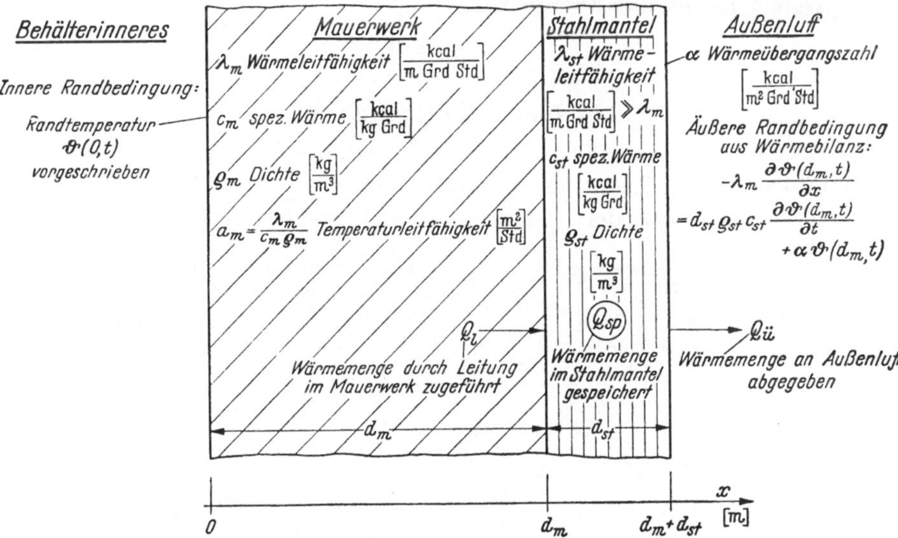

Abb. 1. Idealisierter Schnitt durch die Behälterwand

vernachlässigt, sogar als lineares Problem ansetzen. Nach Abb. 1 soll der Fall einer einfachen Ausmauerung mit nur einer Schicht Mauerwerk betrachtet werden.

1*

Bedeuten

ϑ Temperatur,

t Zeit,

x Ortskoordinate,

$a_m = \dfrac{\lambda_m}{c_m\,\varrho_m}$ Temperaturleitfähigkeit des Mauerwerks,

so gilt die partielle Differentialgleichung der eindimensionalen Wärmeleitung.

$$\frac{\partial \vartheta}{\partial t} = a_m\,\frac{\partial^2 \vartheta}{\partial x^2}\;. \tag{D}$$

Zur Bequemlichkeit sei die Temperatur als Übertemperatur gegen die Außenlufttemperatur verstanden, für diese also $\vartheta = 0$ genommen. Die Ortskoordinate x zählen wir von der Innenwand des Behälters aus.

Damit lautet die Anfangsbedingung

$$\vartheta (x, 0) = 0. \tag{A}$$

b) Innere Randbedingung

An der Stelle $x = 0$, d. h. an der Berührstelle zwischen Flüssigkeitseinsatz und Ausmauerung, ergibt sich eine „innere" Randbedingung aus der Art der Anheizung des Einsatzes. Nimmt man den

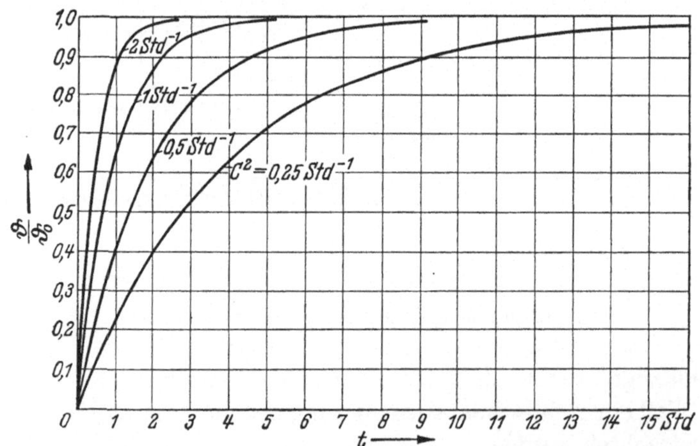

Abb. 2. Anheiztemperatur des Flüssigkeitseinsatzes als innere Randbedingung
$$\vartheta(0, t) = \vartheta_0(1 - e^{-C^2 t})$$

Wärmeübergang zwischen Flüssigkeit und Mauerwerk als unendlich gut an, so darf als innere Randbedingung der Temperaturverlauf $\vartheta(0, t)$ gleich dem Temperaturanstieg der Flüssigkeit vorgeschrieben werden. Diesen aber kann man als exponentielle Sättigungsfunktion annehmen, was konstanter Heiztemperatur bei gleichzeitiger Wärmeabgabe an die Umgebung entspricht. Somit heißt die innere Randbedingung:

$$\vartheta(0, t) = \vartheta_0\left(1 - e^{-C^2 t}\right). \qquad (\mathrm{R_i})$$

Dabei ist ϑ_0 die Endtemperatur an der Stelle $x = 0$ nach der Anheizung und C^2 die reziproke Zeitkonstante.

Die praktisch vorkommenden Anheizzeiten liegen zwischen 2 und 15 Stunden. Mit der Annahme, daß die Endtemperatur dann auf 98 % erreicht sein soll, ist in Abb. 2 der Bruchteil ϑ/ϑ_0 gezeichnet.

Durch Variation der Zeitkonstante in der e-Funktion erfaßt man Änderungen hinsichtlich verschiedener Einsätze, verschieden großer Behälter und unterschiedlicher Heiztemperatur.

c) Äußere Randbedingung

Der Wärmeübergang zwischen Mauerwerk und Stahlmantel wird als unendlich gut angenommen und die Wärmeleitfähigkeit λ_{st} des Stahlmantels als groß gegenüber derjenigen des Mauerwerks. Dadurch findet sich die Außentemperatur des Mauerwerks als Außentemperatur des Stahlmantels wieder:

$$\vartheta(d_m, t) = \vartheta(d_m + d_{st}, t).$$

Die vom Mauerwerk dem Stahlmantel durch eine Fläche F zugeführte Wärmemenge

$$dQ_l = -\lambda_m F \frac{\partial\vartheta}{\partial x}\Big|_{x = d_m} dt$$

wird teilweise im Stahlmantel gespeichert, teilweise an die Außenluft abgegeben. Der Speicheranteil ist

$$dQ_{sp} = F\, d_{st}\, \varrho_{st}\, c_{st}\, d\vartheta\,\big|_{x = d_m \text{ bis } (d_m + d_{st})}$$

und der abgegebene Anteil

$$dQ_{\ddot{u}} = \alpha F \vartheta\,\big|_{x = d_m \text{ bis } (d_m + d_{st})}\, dt,$$

wobei α die Wärmeübergangszahl von Stahl an Luft bedeutet. Aus der Wärmebilanz

$$dQ_l = dQ_{sp} + dQ_{\ddot{u}}$$

folgt als äußere Randbedingung die Differentialgleichung

$$-\lambda_m \frac{\partial\vartheta(x, t)}{\partial x}\Big|_{x = d_m} = d_{st}\, \varrho_{st}\, c_{st}\, \frac{\partial\vartheta(x, t)}{\partial t}\Big|_{x = d_m} + \alpha\, \vartheta(d_m, t). \qquad (\mathrm{R_a})$$

Wegen des Charakters von $(\mathrm{R_a})$ handelt es sich um ein gemischtes Randwertproblem.

d) Dimensionslosmachen von Differentialgleichung, Anfangsbedingung und Randbedingungen

Man führt eine dimensionslose Ortskoordinate und eine dimensionslose Zeitkoordinate ein:

$$\xi = \frac{x}{d_m} \quad \text{und} \quad \tau = \frac{a_m\,t}{d_m^2}.$$

Die Temperatur sei in diesen Koordinaten so umbenannt:

$$\vartheta\,(x,\,t) = U\,(\xi,\,\tau).$$

Damit lauten die Differentialgleichung (D), die Anfangsbedingung (A) und die innere Randbedingung (R_i)

$$\frac{\partial U}{\partial \tau} = \frac{\partial^2 U}{\partial \xi^2} \tag{d}$$

$$U\,(\xi,\,0) = 0 \tag{a}$$

$$U\,(0,\,\tau) = 1 - e^{-\gamma^2 \tau} \quad \text{für} \quad \xi = 0 \tag{r_i}$$

mit $\gamma^2 = \dfrac{C^2\,d_m^2}{a_m}$. Ohne Beschränkung der Allgemeinheit ist hierbei $\vartheta_0 = 1°$ angenommen, d. h. die Temperatur als Bruchteil der Anheiz-Endtemperatur gerechnet. Die äußere Randbedingung (R_a) erhält die Gestalt:

$$-\left.\frac{\partial U(\xi,\tau)}{\partial \xi}\right|_{\xi=1} = g\left.\frac{\partial U(\xi,\tau)}{\partial \tau}\right|_{\xi=1} + h\,U\,(1,\tau) \quad \text{für} \quad \xi = 1 \tag{r_a}$$

$$\text{mit} \quad g = \frac{d_{st}\,\varrho_{st}\,c_{st}}{d_m\,\varrho_m\,c_m} \quad \text{und} \quad h = \frac{\alpha\,d_m}{\lambda_m}.$$

e) Laplace-Transformation des Problems

U. TROLTENIER hat vorgeschlagen[1], die Differentialgleichung (d) mit der einseitigen LAPLACE-Transformation

$$\mathfrak{L}\{F\,(t)\} = \int_0^\infty F\,(t)\,e^{-st}\,dt = f\,(s)$$

anzugreifen. Durch Teilintegration folgt bekanntlich die Differentiationsformel

$$\mathfrak{L}\{\dot{F}\,(t)\} = s\,f\,(s) - F\,(0).$$

Die LAPLACE-Transformierte (Bildfunktion) der Originalfunktion $U\,(\xi,\tau)$ heiße

$$u\,(\xi,\,s) = \int_0^\infty U\,(\xi,\,\tau)\,e^{-s\tau}\,d\tau.$$

---

[1] TROLTENIER, U.: Temperaturverlauf in der Wandung von Behältern, deren Inhalt erwärmt oder abgekühlt wird. Allg. Wärmetech. Bd. 5 (1954), S. 100/02.

Für sie ergibt sich aus der Differentialgleichung (d) die Beziehung

$$s\,u(\xi,\,s) - U(\xi,\,0) = \frac{d^2\,u(\xi,\,s)}{d\,\xi^2}\,.$$

Durch Einsetzen der Anfangsbedingung (a) erhält man

$$\frac{d^2 u(\xi,\,s)}{d\,\xi^2} = s\,u(\xi,\,s)\,. \tag{δ}$$

Das ist eine gewöhnliche Differentialgleichung, weil s nur die Rolle eines Parameters spielt.

Für die Umwandlung der inneren Randbedingung (r_i) braucht man die bekannten Formeln

$$\mathfrak{L}\{1\} = \frac{1}{s} \quad \text{und} \quad \mathfrak{L}\{e^{-\gamma^2}\} = \frac{1}{s + \gamma^2}\,.$$

Durch LAPLACE-Transformation $\mathfrak{L}\{U(0,\tau)\}$ folgt aus (r_i) als erste Randbedingung

$$u(0,\,s) = \frac{1}{s} - \frac{1}{s + \gamma^2}\,. \tag{1}$$

Aus der äußeren Randbedingung (r_a) geht durch LAPLACE-Transformation hervor

$$- \frac{\partial u(\xi,\,s)}{\partial \xi}\bigg|_{\xi\,=\,1} = g\,[s\,u(1,\,s) - U(1,\,0)] + h\,u(1,\,s)\,.$$

Wegen $U(1,\,0) = 0$ lautet also die zweite Randbedingung

$$- \frac{\partial u(\xi,\,s)}{\partial \xi}\bigg|_{\xi\,=\,1} = (g\,s + h)\,u(1,\,s)\,. \tag{2}$$

f) Lösung der Differentialgleichung für die Bildfunktion

Die Differentialgleichung (δ): „Zweite Ableitung proportional der Funktion selbst" hat zu Grundlösungen die Hyperbelfunktionen ch und sh. Die allgemeine Lösung lautet

$$u(\xi,\,s) = A\,\mathrm{ch}\big(\xi\,\sqrt{s}\big) + B\,\mathrm{sh}\big(\xi\,\sqrt{s}\big)\,.$$

Die Randbedingung (1) liefert die Integrationskonstante

$$A = \frac{1}{s} - \frac{1}{s + \gamma^2}$$

und die Randbedingung (2) die Integrationskonstante

$$B = - \frac{(g\,s + h)\,\mathrm{ch}\sqrt{s} + \sqrt{s}\,\mathrm{sh}\sqrt{s}}{(g\,s + h)\,\mathrm{sh}\sqrt{s} + \sqrt{s}\,\mathrm{ch}\sqrt{s}} \left(\frac{1}{s} - \frac{1}{s + \gamma^2} \right).$$

Den Randbedingungen angepaßt ist also die folgende Lösung der

Differentialgleichung (δ), wobei noch die Additionstheoreme der Hyperbelfunktionen herangezogen sind:

$$u(\xi, s) = \left(\frac{1}{s} - \frac{1}{s + \gamma^2}\right) \frac{\operatorname{ch}(1 - \xi)\sqrt{s} + (gs + h)\dfrac{1}{\sqrt{s}}\operatorname{sh}(1 - \xi)\sqrt{s}}{\operatorname{ch}\sqrt{s} + (gs + h)\dfrac{1}{\sqrt{s}}\operatorname{sh}\sqrt{s}} . \tag{3}$$

g) Rücktransformation der Bildfunktion in die Originalfunktion

Um die Bildfunktion $u(\xi, s)$ von gebrochen transzendentem Charakter in die Originalfunktion $U(\xi, \tau)$ zurückzutransformieren, zerlegen wir den zweiten Faktor in Partialbrüche:

$$\frac{p(s)}{q(s)} = \sum_{n=1}^{\infty} \frac{p(s_n)}{q'(s_n)} \frac{1}{s - s_n} . \tag{4}$$

Dabei sind die Pole s_n als einfach vorausgesetzt und gegeben durch die Nullstellen des Nenners

$$q(s) = \operatorname{ch}\sqrt{s} + (gs + h)\frac{1}{\sqrt{s}}\operatorname{sh}\sqrt{s} . \tag{5}$$

Der Zähler lautet

$$p(s) = \operatorname{ch}(1 - \xi)\sqrt{s} + (gs + h)\frac{1}{\sqrt{s}}\operatorname{sh}(1 - \xi)\sqrt{s} .$$

Der Ausdruck $\dfrac{p(s_n)}{q'(s_n)}$ für die Entwicklungskoeffizienten (Residuen in den Polen) entsteht bekanntlich in Verallgemeinerung der LAGRANGE-schen Interpolationsformel durch Herübermultiplizieren von $q(s)$.

Berücksichtigt man auch den ersten Faktor in Gl. (3), so sieht man, daß tatsächlich rückzutransformieren sind die beiden Funktionen

$$\frac{1}{s}\frac{p(s)}{q(s)} \quad \text{und} \quad \frac{1}{s + \gamma^2}\frac{p(s)}{q(s)} .$$

Die Identitäten

$$\frac{1}{s(s - s_n)} = \frac{1}{s_n}\left[\frac{1}{s - s_n} - \frac{1}{s}\right]$$

und

$$\frac{1}{(s + \gamma^2)(s - s_n)} = \frac{1}{\gamma^2 + s_n}\left[\frac{1}{s - s_n} - \frac{1}{s + \gamma^2}\right]$$

zusammen mit Gl. (4) liefern die Darstellungen

$$\frac{1}{s}\frac{p(s)}{q(s)} = \sum_{n=1}^{\infty}\frac{p(s_n)}{s_n\, q'(s_n)}\frac{1}{s - s_n} - \sum_{n=1}^{\infty}\frac{p(s_n)}{s_n\, q'(s_n)}\frac{1}{s}$$

und

$$\frac{1}{s + \gamma^2}\frac{p(s)}{q(s)} = \sum_{n=1}^{\infty}\frac{p(s_n)}{(\gamma^2 + s_n)\, q'(s_n)}\frac{1}{s - s_n} - \sum_{n=1}^{\infty}\frac{p(s_n)}{(\gamma^2 + s_n)\, q'(s_n)}\frac{1}{s + \gamma^2} .$$

Weil bekanntlich

$$\mathfrak{L}^{-1}\left\{\frac{1}{s-s_n}\right\} = e^{s_n\tau}, \quad \mathfrak{L}^{-1}\left\{\frac{1}{s}\right\} = 1, \quad \mathfrak{L}^{-1}\left\{\frac{1}{s+\gamma^2}\right\} = e^{-\gamma^2\tau}$$

ist, findet man

$$\mathfrak{L}^{-1}\left\{\frac{1}{s}\,\frac{p(s)}{q(s)}\right\} = \sum_{n=1}^{\infty} \frac{p(s_n)}{s_n\,q'(s_n)}\, e^{s_n\tau} - \sum_{n=1}^{\infty} \frac{p(s_n)}{s_n\,q'(s_n)}$$

und

$$\mathfrak{L}^{-1}\left\{\frac{1}{s+\gamma^2}\,\frac{p(s)}{q(s)}\right\} = \sum_{n=1}^{\infty} \frac{p(s_n)}{(\gamma^2+s_n)\,q'(s_n)}\, e^{s_n\tau} - e^{-\gamma^2\tau}\sum_{n=1}^{\infty} \frac{p(s_n)}{(\gamma^2+s_n)\,q'(s_n)}\,.$$

Für die zweiten Summen rechts liefert Einsetzen von $s = 0$ oder $s = -\gamma^2$ in Gl. (4) die einfachen Ausdrücke

$$+\,\frac{p(0)}{q(0)} \quad \text{und} \quad -\,\frac{p(-\gamma^2)}{q(-\gamma^2)}\,,$$

so ergibt sich

$$\mathfrak{L}^{-1}\{u(\xi,s)\} = \sum_{n=1}^{\infty} \frac{p(s_n)}{s_n\,q'(s_n)}\, e^{s_n\tau} + \frac{p(0)}{q(0)} -$$

$$-\sum_{n=1}^{\infty} \frac{p(s_n)}{(\gamma^2+s_n)\,q'(s_n)}\, e^{s_n\tau} - \frac{p(-\gamma^2)}{q(-\gamma^2)}\, e^{-\gamma^2\tau}\,.$$

Die Lösung der Differentialgleichung (d) mit der Anfangsbedingung (a) und den Randbedingungen (r_i) und (r_a) lautet also

$$U(\xi,\tau) = \frac{p(0)}{q(0)} - \frac{p(-\gamma^2)}{q(-\gamma^2)}\, e^{-\gamma^2\tau} + \sum_{n=1}^{\infty} \frac{\gamma^2\, p(s_n)}{s_n\,(\gamma^2+s_n)\,q'(s_n)}\, e^{s_n\tau}\,. \qquad (6)$$

Dieses Ergebnis hätte man auch durch Gebrauch des HEAVISIDE-schen Entwicklungssatzes und des Faltungssatzes gewinnen können[1]. Die dargelegte Herleitung, in welcher die beiden Sätze implizit enthalten sind, erscheint demgegenüber besonders durchsichtig. Auf die Berücksichtigung von Konvergenzfragen und Existenzfragen ist grundsätzlich verzichtet.

h) Bestimmung der Pole und Einführung der Eigenwerte

Die Pole des Ausdrucks $\frac{p(s)}{q(s)}$ genügen der Gleichung

$$q(s) = \mathrm{ch}\sqrt{s} + (g\,s + h)\,\frac{1}{\sqrt{s}}\,\mathrm{sh}\sqrt{s} = 0\,,$$

umgeschrieben

$$\mathrm{th}\sqrt{s} = -\,\frac{\sqrt{s}}{g\,s + h}\,.$$

---

[1] Vgl. R. V. CHURCHILL: Modern operational mathematics in engineering. New-York u. London: McGraw-Hill 1944.

Setzt man

$$\sqrt{s} = j\,k,$$

so heißt die Gleichung bequemer

$$\operatorname{tg} k = \frac{k}{g\,k^2 - h}. \tag{7}$$

Die Pole s_n in Gl. (6) sind die negativen Quadrate $-k_n^2$ der Lösungen k_n von Gl. (7). Die k_n werden sich als Eigenwerte erweisen.

Für den Quotienten $\dfrac{p(s_n)}{q'(s_n)}$ läßt sich ausrechnen

$$\frac{p(s_n)}{q'(s_n)} = 2\,k_n \frac{1}{1 + \dfrac{h + g\,k_n^2}{(h - g\,k_n^2)^2 + k_n^2}} \sin(k_n\,\xi).$$

Ferner ist

$$\frac{p(0)}{q(0)} = \frac{1 + h(1 - \xi)}{1 + h}$$

und

$$\frac{p(-\gamma^2)}{q(-\gamma^2)} = \frac{\gamma \cos[\gamma(1 - \xi)] + (h - g\,\gamma^2)\sin[\gamma(1 - \xi)]}{\gamma \cos\gamma + (h - g\,\gamma^2)\sin\gamma}.$$

Damit gewinnt die Lösung (6) die Gestalt

$$U(\xi, \tau) = \frac{1 + h(1 - \xi)}{1 + h} - \frac{(h - g\,\gamma^2)\sin[\gamma(1 - \xi)] + \gamma \cos[\gamma(1 - \xi)]}{(h - g\,\gamma^2)\sin\gamma + \gamma \cos\gamma}\, e^{-\gamma^2 \tau} -$$

$$- \sum_{n=1}^{\infty} \frac{2\gamma^2}{k_n(\gamma^2 - k_n^2)} \frac{1}{1 + \dfrac{h + g\,k_n^2}{(h - g\,k_n^2)^2 + k_n^2}} \sin(k_n\,\xi)\, e^{-k_n^2 \tau}. \tag{8}$$

Man sieht unmittelbar, daß die Funktion (8) die Differentialgleichung (d) und die innere Randbedingung (r_i) erfüllt. Die Bestätigung der äußeren Randbedingung (r_a) erfordert Heranziehung der Gl. (7) für die k_n. Daß auch die Anfangsbedingung (a) erfüllt wird, ist schwieriger nachzuprüfen.

Die Entwicklungsfunktionen $U_n(\xi, \tau) = \sin(k_n\,\xi)\, e^{-k_n^2 \tau}$ in der unendlichen Reihe genügen einzeln der Differentialgleichung (d). Sie erfüllen die äußere Randbedingung (r_a), hingegen die innere für $\tau \neq 0$ nicht, weil sie für $\xi = 0$ immer den Wert Null annehmen. Damit erweisen sich die $U_n(\xi, \tau)$ als Eigenfunktionen, die k_n als Eigenwerte der Differentialgleichung (d) unter den Randbedingungen

$$U(0, \tau) = 0 \quad \text{und} \quad (r_a).$$

Für $\tau = 0$ haben die $U_n(\xi, \tau)$ sinusförmigen Verlauf und klingen für $\tau > 0$ exponentiell ab.

2. Abkühlvorgang

Beim Abkühlvorgang verfahren wir in der gleichen Weise wie beim Anheizvorgang. Es ändern sich nur die Anfangsbedingung (A) und die innere Randbedingung (R_i).

Die Anfangsbedingung ergibt sich aus der Überlegung: Wenn wir aus dem stationären Zustand heraus abkühlen, dann ist, weil wir ein lineares Problem angesetzt haben, die Temperatur im Anfangszustand eine lineare Funktion des Ortes. Die Anfangsbedingung lautet also

$$\vartheta(x, 0) = \vartheta_0 \frac{1 + h\left(1 - \dfrac{x}{d_m}\right)}{1 + h}. \tag{A}$$

Dabei ist $\vartheta_0 = \vartheta(0, 0)$ die Temperatur an der Stelle $x = 0$ vor Beginn der Abkühlung.

In gleicher Weise wie beim Anheizvorgang kann die innere Randbedingung mit guter Näherung angenommen werden zu

$$\vartheta(0, t) = \vartheta_0 \, e^{-C^2 t}, \tag{R_i}$$

wobei C^2 die reziproke Zeitkonstante bedeutet und die Geschwindigkeit der Abkühlung kennzeichnet.

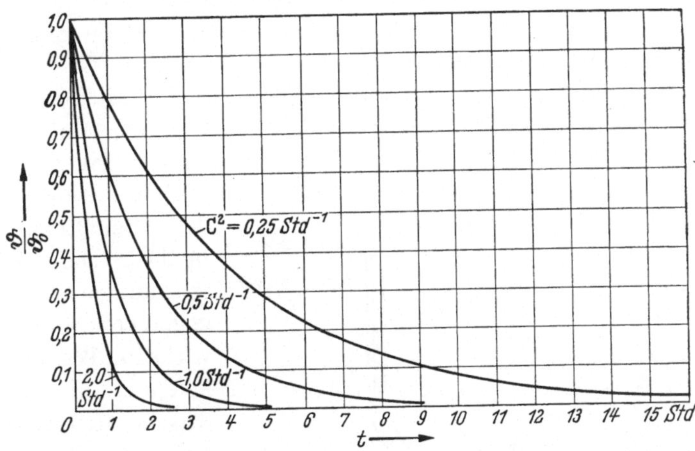

Abb. 3. Abkühltemperatur des Flüssigkeitseinsatzes als innere Randbedingung
$$\vartheta(0, t) = \vartheta_0 \, e^{-C^2 t}$$

Die praktisch vorkommenden Abkühlzeiten liegen zwischen 2 und 15 Stunden. Mit der Annahme, daß die Endtemperatur dann auf 98% erreicht sein soll, ist in Abb. 3 der Bruchteil ϑ/ϑ_0 gezeichnet.

Die Rechnung verläuft analog wie beim Anheizvorgang. Sie führt auf dieselbe Eigenwertgleichung (7) wie im Falle der Anheizung.

Als Lösung findet man für die Temperaturverteilung bei der Abkühlung:

$$U(\xi, \tau) = \frac{(h - g\,\gamma^2)\sin[\gamma(1-\xi)] + \gamma\cos[\gamma(1-\xi)]}{(h - g\,\gamma^2)\sin\gamma + \gamma\cos\gamma}\, e^{-\gamma^2\tau} +$$

$$+ \sum_{n=1}^{\infty} \frac{2\gamma^2}{k_n(\gamma^2 - k_n^2)}\; \frac{1}{1 + \dfrac{h + g\,k_n^2}{(h - g\,k_n^2)^2 + k_n^2}}\, \sin(k_n\,\xi)\, e^{-k_n^2\tau}. \qquad (9)$$

Die Lösung (9) für den Abkühlvorgang ist, wie physikalisch plausibel, derjenige Ausdruck, welcher in Gl. (8) von der Temperaturverteilung im stationären Zustand abgezogen werden muß. Man hätte daher zu der jetzigen Gleichung (9) auch durch Plausibilitätsüberlegungen kommen können.

B. Wärmespannungsproblem

a) Problemstellung

Mit Hilfe der Gl. (8) und (9) für die zeitliche und örtliche Temperaturverteilung beim Anheiz- und Abkühlvorgang wollen wir im folgenden die Gleichungen herleiten für die im Mauerwerk und im Stahlmantel auftretenden Wärmespannungen.

Die Berechnung des Temperaturverlaufs darf eindimensional angesetzt werden. Der dabei gemachte Fehler ist so lange unbedeutend, wie die Mauerdicke, verglichen mit dem Radius des Behälters, klein bleibt. Die Wärmespannungen werden hingegen erst räumlich voll wirksam. Wir beschränken uns auf das zylindrische Mittelstück des ausgemauerten Behälters, Abb. 4, und schreiben die Grundbeziehungen für Spannungen und

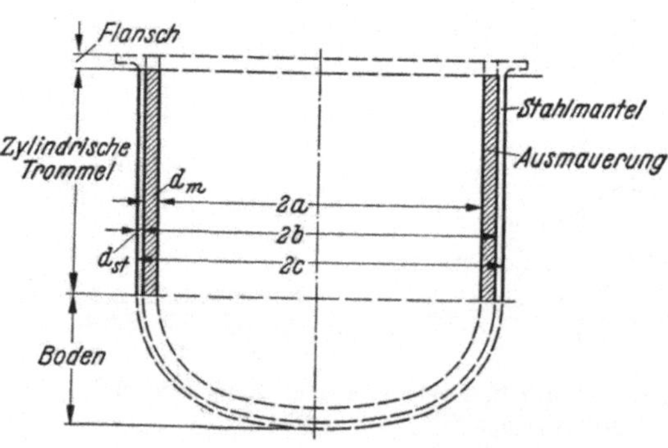

Abb. 4. Schnitt durch einen ausgemauerten Behälter

Dehnungen in einem Zylinderkoordinatensystem auf. Dann werden die eingehenden Konstanten durch Rand- und Übergangsbedingungen bestimmt. Eine Hauptrolle spielt dabei die radiale Übergangsspannung zwischen Mauerwerk und Stahlzylinder.

b) Bedingung für das Gleichgewicht der Spannungen an einem Volumenelement

Wir lassen die z-Achse eines Polarkoordinatensystems mit der Zylinderachse des Behälters zusammenfallen. In Abb. 5 ist ein Volumenelement der Behälterwand herausgezeichnet. Es bedeuten σ_r, σ_φ, σ_z die an der Stelle $P(r, \varphi, z)$ wirkenden Normalspannungen und $\tau_{\varphi r}$

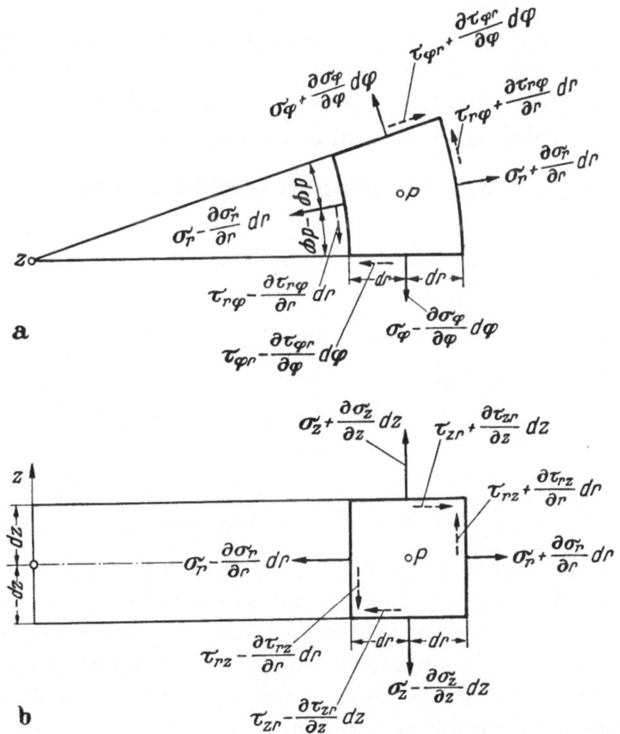

Abb. 5 a u. b. Volumenelement mit den wirkenden Normal- und Schubspannungen.
a) Schnitt senkrecht zur Zylinderachse;   b) Schnitt in radialer Richtung

die Schubspannung in r-Richtung in einer Fläche durch P, die senkrecht zur φ-Richtung steht. In analoger Weise seien die Schubspannungen $\tau_{r\varphi}$, τ_{rz}, τ_{zr}, $\tau_{z\varphi}$, $\tau_{\varphi z}$ erklärt.

Befindet sich das Element im Gleichgewicht, so müssen die Summen der Komponenten der in den drei Achsenrichtungen wirkenden Kräfte gleich Null sein. Die Summe aller Kräfte in r-Richtung gleich Null ergibt:

$$\frac{\partial \sigma_r}{\partial r} + \frac{\sigma_r - \sigma_\varphi}{r} + \frac{\partial \tau_{zr}}{\partial z} + \frac{1}{r}\frac{\partial \tau_{\varphi r}}{\partial \varphi} = 0.$$

Damit Gleichgewicht in φ-Richtung herrscht, muß die Summe aller Momente in bezug auf die z-Achse gleich Null sein:

$$\frac{\partial \tau_{r\varphi}}{\partial r} + \frac{2\tau_{r\varphi}}{r} + \frac{\partial \tau_{z\varphi}}{\partial z} + \frac{1}{r}\frac{\partial \sigma_\varphi}{\partial \varphi} = 0.$$

Die Summe aller Kräfte in z-Richtung ergibt:

$$\frac{\partial \tau_{rz}}{\partial r} + \frac{\tau_{rz}}{r} + \frac{\partial \sigma_z}{\partial z} + \frac{1}{r}\frac{\partial \tau_{\varphi z}}{\partial \varphi} = 0.$$

Bei Beanspruchung des Zylinders durch Wärmespannungen infolge einer Temperaturverteilung, die eine reine Funktion von r ist, bleibt der Zylinder ein Drehkörper. Die Spannungsverteilung ist also in bezug auf die z-Achse drehsymmetrisch. Daraus folgt: Die Ableitungen nach φ werden Null, also $\dfrac{\partial}{\partial \varphi} = 0$, und alle Schubspannungen verschwinden bis auf τ_{rz} und τ_{zr}, die einander gleich sind. Denken wir uns außerdem den Zylinder lang und halten uns entfernt von den Enden, so werden τ_{rz} und τ_{zr} und $\dfrac{\partial}{\partial z}$ Null.

Von den drei Gleichgewichtsbedingungen bleibt also nur eine einzige Gleichung übrig:

$$\frac{\partial \sigma_r}{\partial r} + \frac{\sigma_r - \sigma_\varphi}{r} = 0. \tag{10}$$

c) Spannungs-Dehnungsgleichungen

Wir setzen voraus — insbesondere auch für das Mauerwerk —, daß für das elastische Verhalten das HOOKEsche Gesetz gilt. Dann lassen sich die Dehnungen in den drei Koordinatenrichtungen r, φ, z als Funktionen der Spannungen σ_r, σ_φ, σ_z und der thermischen Ausdehnung darstellen. Wir schließen uns bei der folgenden Herleitung der Gleichungen für die Wärmespannungen eng an S. TIMOSHENKO an[1].

Sind u, v, w die Verrückungen eines Punktes in den Richtungen r, φ, z, so werden dadurch Dehnungen hervorgerufen nach den Gleichungen:

$$\varepsilon_r = \frac{du}{dr}, \tag{11}$$

$$\varepsilon_\varphi = \frac{u}{r}, \tag{12}$$

$$\varepsilon_z = \frac{dw}{dz}. \tag{13}$$

---

[1] TIMOSHENKO, S., u. J. N. GOODIER: Theory of Elasticity, 2. Aufl. S. 408 bis 416, New York: McGraw-Hill 1951.

Nach dem Hookeschen Gesetz lauten die Gleichungen für die Dehnungen:

$$\varepsilon_r = \frac{1}{E_m}\left[\sigma_r - \mu_m(\sigma_\varphi + \sigma_z)\right] + \alpha_m\,\vartheta(r,\,t),\qquad (14\,\mathrm{a})$$

$$\varepsilon_\varphi = \frac{1}{E_m}\left[\sigma_\varphi - \mu_m(\sigma_r + \sigma_z)\right] + \alpha_m\,\vartheta(r,\,t),\qquad (14\,\mathrm{b})$$

$$\varepsilon_z = \frac{1}{E_m}\left[\sigma_z - \mu_m(\sigma_r + \sigma_\varphi)\right] + \alpha_m\,\vartheta(r,\,t).\qquad (14\,\mathrm{c})$$

Dabei bedeuten:

α_m Wärmedehnzahl des Mauerwerks,

E_m Elastizitätsmodul des Mauerwerks,

μ_m Poissonsche Zahl für Mauerwerk,

$\vartheta(r,\,t)$ Temperatur mit dem Radius und der Zeit veränderlich.

Wir nehmen vorerst an, der Zylinder sei an den Enden eingespannt. Dann wird die Dehnung ε_z zu Null. Wird Gl. (14c) nach σ_z aufgelöst und in die Ausdrücke (14a) und (14b) eingesetzt, so gewinnt man die Beziehungen:

$$\varepsilon_r - (1 + \mu_m)\,\alpha_m\,\vartheta(r,\,t) = \frac{1 - \mu_m^2}{E_m}\left(\sigma_r - \frac{\mu_m}{1 - \mu_m}\,\sigma_\varphi\right),$$

$$\varepsilon_\varphi - (1 + \mu_m)\,\alpha_m\,\vartheta(r,\,t) = \frac{1 - \mu_m^2}{E_m}\left(\sigma_\varphi - \frac{\mu_m}{1 - \mu_m}\,\sigma_r\right).$$

Wenden wir in diesen Gleichungen die Bedingung (10) für das Gleichgewicht eines Volumenelements an und setzen wir ε_r und ε_φ nach Gl. (11) und (12) ein, so folgt eine Differentialbeziehung für die Verrückung u:

$$\frac{d}{dr}\left[\frac{1}{r}\,\frac{d(r\,u)}{dr}\right] = \frac{1 + \mu_m}{1 - \mu_m}\,\alpha_m\,\frac{d\,\vartheta(r,\,t)}{dr}\qquad (15)$$

mit der Lösung

$$u = \frac{1 + \mu_m}{1 - \mu_m}\,\alpha_m\,\frac{1}{r}\int\limits_a^r \vartheta(r,\,t)\,r\,dr + C_1\,r + \frac{C_2}{r}.\qquad (16)$$

Wird Gl. (16) unter Verwendung von Gl. (11) und (12) in die Gleichungen (14a, b, c) eingesetzt, so erhält man die Ausdrücke:

$$\sigma_r = -\frac{\alpha_m\,E_m}{1 - \mu_m}\,\frac{1}{r^2}\int\limits_a^r \vartheta(r,\,t)\,r\,dr + \frac{E_m}{1 + \mu_m}\left(\frac{C_1}{1 - 2\,\mu_m} - \frac{C_2}{r^2}\right),\qquad (17\,\mathrm{a})$$

$$\sigma_\varphi = \frac{\alpha_m\,E_m}{1 - \mu_m}\left[\frac{1}{r^2}\int\limits_a^r \vartheta(r,\,t)\,r\,dr - \vartheta(r,\,t)\right] +$$
$$+ \frac{E_m}{1 + \mu_m}\left(\frac{C_1}{1 - 2\,\mu_m} + \frac{C_2}{r^2}\right),\qquad (17\,\mathrm{b})$$

$$\sigma_z = -\frac{\alpha_m\,E_m}{1 - \mu_m}\,\vartheta(r,\,t) + \frac{2\,\mu_m\,E_m}{(1 + \mu_m)\,(1 - 2\,\mu_m)}\,C_1.\qquad (17\,\mathrm{c})$$

Nunmehr machen wir die Voraussetzung der Einspannung an den Enden rückgängig. Dazu überlagern wir der Spannung in axialer Richtung eine weitere solche Spannung $\sigma_z = E_m C_3$ und bestimmen C_3 so, daß die resultierende Axialspannung an den Enden des Zylinders Null wird. Hierdurch ändert sich nur Gl. (17c) für die Axialspannung σ_z und Gl. (16) für die Verrückung u. Die Ausdrücke (16), (17a, b, c) erhalten dann die folgende Gestalt:

$$u_{\mathrm{I}} = \frac{1+\mu_m}{1-\mu_m}\,\alpha_m\,\frac{1}{r}\int_a^r \vartheta(r,\,t)\,r\,dr + C_1\,r + \frac{C_2}{r} - \mu_m C_3\,r, \qquad (18)$$

$$\sigma_r = -\frac{\alpha_m E_m}{1-\mu_m}\,\frac{1}{r^2}\int_a^r \vartheta(r,\,t)\,r\,dr + \frac{E_m}{1+\mu_m}\left(\frac{C_1}{1-2\mu_m} - \frac{C_2}{r^2}\right), \quad (19\,\mathrm{a})$$

$$\sigma_\varphi = \frac{\alpha_m E_m}{1-\mu_m}\left[\frac{1}{r^2}\int_a^r \vartheta(r,\,t)\,r\,dr - \vartheta(r,\,t)\right] +$$
$$+ \frac{E_m}{1+\mu_m}\left(\frac{C_1}{1+2\mu_m} + \frac{C_2}{r^2}\right), \qquad (19\,\mathrm{b})$$

$$\sigma_z = -\frac{\alpha_m E_m}{1-\mu_m}\,\vartheta(r,\,t) + \frac{2\,\mu_m E_m}{(1+\mu_m)\,(1-2\,\mu_m)}\,C_1 + E_m C_3. \qquad (19\,\mathrm{c})$$

d) Bestimmung der Konstanten

Die Integrationskonstanten C_1, C_2 und die Konstante C_3 lassen sich aus den folgenden Bedingungen bestimmen.

α) **Gleichgewicht gegen Verrückung in z-Richtung.** Für den freien Zylinder dürfen in axialer Richtung keine resultierenden Kräfte wirksam sein, formelmäßig:

$$\int_a^b \sigma_z\,2\pi\,r\,dr = 0. \qquad (20)$$

Dabei ist vorausgesetzt, daß der Mauerzylinder gegenüber dem umhüllenden Stahlmantel in axialer Richtung frei verschieblich ist. Aus Gl. (19c) und (20) findet man eine Beziehung zwischen C_3 und C_1:

$$C_3 = \frac{\alpha_m}{1-\mu_m}\,\frac{2}{b^2-a^2}\int_a^b \vartheta(r,\,t)\,r\,dr - \frac{2\,\mu_m}{(1+\mu_m)\,(1-2\,\mu_m)}\,C_1. \qquad (21)$$

β) **Randbedingung.** Herrscht im Behälter kein Überdruck, so ist $\sigma_r = 0$ an der Stelle $r = a$. Daraus gewinnt man eine Gleichung zwischen C_1 und C_2:

$$\frac{C_1}{1-2\,\mu_m} = \frac{C_2}{a^2}. \qquad (22)$$

γ) **Übergangsbedingung.** Könnte sich der Mauerzylinder in r-Richtung ungehindert ausdehnen, so wäre σ_r auch an der Stelle $r = b$ Null. Das Mauerwerk wird aber durch den Stahlmantel umschlossen, so daß wegen der ungleichen Wärmedehnzahlen von Mauerwerk und Stahl bei der Anheizung z. B. eine Anpressung an den Stahlmantel erfolgt.

Wir bezeichnen mit X die zunächst noch unbekannte Spannung an der Stelle $r = b$. Dann läßt sich mit Gl. (19a) und der Bedingung

$$\sigma_r = X \quad \text{für} \quad r = b$$

aufschreiben:

$$X = - \frac{\alpha_m E_m}{1 - \mu_m} \frac{1}{b^2} \int_a^b \vartheta(r,\,t)\, r\, dr + \frac{E_m}{1 + \mu_m}\left(\frac{C_1}{1 - 2\,\mu_m} - \frac{C_2}{b^2}\right). \qquad (23)$$

Damit erhalten wir eine dritte Beziehung, die C_1 und C_2, zusätzlich aber die Größe X enthält.

δ) **Diskussion der Übergangsgröße X.** Durch die zeitliche Veränderung der Temperaturverteilung im Mauerwerk während der Anheizung oder der Abkühlung erfährt der Mauerzylinder eine Verrückung u_1 in r-Richtung. Diese Verrückung wird durch Gl. (18) angegeben, wobei die darin enthaltenen Konstanten C_1 und C_2 durch die Randbedingung $\sigma_r = 0$ für $r = a$ und $r = b$ bestimmt werden. Wir betrachten in diesem Falle also einen in radialer Richtung frei beweglichen Zylinder. Ist dagegen der Mauerzylinder von einem Stahlmantel umgeben, so tritt an der Stelle $r = b$ die Spannung X auf. Es kommt also eine weitere Verrückung u_2 hinzu. Wenn wir zur Ermittlung der Konstanten C_1 und C_2 die Randbedingungen $\sigma_r = 0$ für $r = a$ und $\sigma_r = X$ für $r = b$ benutzen, folgt aus Gl. (18) die resultierende Verrückung u_I.

Der Stahlmantel hat die Temperatur der Stelle $r = b$. Die Temperaturerhöhung im Falle der Anheizung oder die Temperaturerniedrigung im Falle der Abkühlung bewirkt eine Verrückung u_II:

$$u_\mathrm{II} = \alpha_{st}\, \vartheta(b,\,t)\, r. \qquad (24)$$

Gleichzeitig wird der Stahlzylinder auf seiner Innenseite durch die noch unbekannte Spannung X beansprucht. Sie hat eine Verrückung u_III zur Folge.

Solange die Spannung X an der Stelle $r = b$ eine Druckspannung bleibt, also $X \leqq 0$ ist, gilt die Beziehung

$$u_\mathrm{I} = u_\mathrm{II} + u_\mathrm{III} \quad \text{für} \quad r = b. \qquad (25)$$

Die Zusatzbedingung $X \leqq 0$ ist notwendig, weil die Grenzfläche zwischen Mauer und Stahl keine Zugspannung aufnehmen kann. Tritt trotzdem eine Zugspannung auf, so löst sich die Mauer vom Stahlmantel ab, wird also zerstört. Zur Verhinderung wird für die Ausmauerung ein *nachträglich quellender Kitt* verwendet, der in der Mauer eine Druckspannung erzeugt.

Für die weitere Rechnung betrachten wir Gl. (25) als erfüllt.

ε) Herleitung der Verrückung u_{III}. Die Beanspruchung des Mauerzylinders durch eine auf seiner Außenseite gleichmäßig wirksame konstante Spannung X ist von der z-Koordinate unabhängig, ebenso die Beanspruchung des Stahlzylinders, der auf seiner Innenseite durch die gleiche Spannung X beansprucht wird. Wir dürfen deshalb das in Abb. 6a und 6b veranschaulichte ebene Problem betrachten.

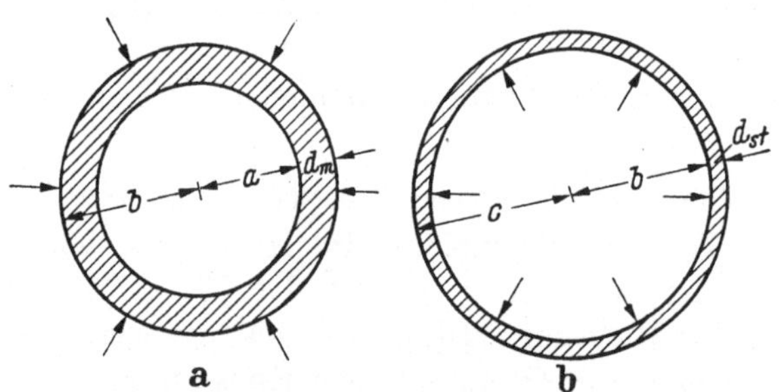

Abb. 6a. Mauerzylinder unter der Außenspannung X Abb. 6b. Stahlzylinder unter der Innenspannung X

Die nach den Spannungen aufgelösten Dehnungsgleichungen lauten:

$$\sigma_r = \frac{E}{1 - \mu^2}\,(\varepsilon_r + \mu\,\varepsilon_\varphi), \qquad (26\,\text{a})$$

$$\sigma_\varphi = \frac{E}{1 - \mu^2}\,(\varepsilon_\varphi + \mu\,\varepsilon_r). \qquad (26\,\text{b})$$

Wenden wir auf Gl. (26a, b) die Gl. (10) an und setzen Gl. (11) und (12) ein, so erhalten wir die Differentialbeziehung

$$\frac{d}{dr}\left[\frac{1}{r}\,\frac{d(r\,u)}{dr}\right] = 0$$

mit der Lösung

$$u = K_1\,r + \frac{K_2}{r}. \qquad (27)$$

Die Gleichungen für die Spannungen lassen sich mit Gl. (27) in der Form schreiben:

$$\sigma_r = \frac{E}{1 - \mu^2}\left[K_1(1 + \mu) - \frac{K_2}{r^2}(1 - \mu)\right], \qquad (28\,\text{a})$$

$$\sigma_\varphi = \frac{E}{1 - \mu^2}\left[K_1(1 + \mu) + \frac{K_2}{r^2}(1 - \mu)\right]. \qquad (28\,\text{b})$$

Diese Gleichungen spezialisieren wir auf den Stahlzylinder und setzen voraus, daß kein Überdruck im Behälter herrscht. Mit Hilfe der Randbedingungen

$$\sigma_r = 0 \quad \text{für} \quad r = c; \qquad \sigma_r = X \quad \text{für} \quad r = b,$$

lassen sich die Integrationskonstanten K_1 und K_2 ermitteln und die Gleichungen für die Verrückung u_{III} und die Spannungen im Stahlzylinder aufschreiben:

$$u_{\text{III}} = -\frac{X}{E_{st}}\left[(1 - \mu_{st})\frac{b^2 r}{c^2 - b^2} + (1 + \mu_{st})\frac{b^2 c^2}{r(c^2 - b^2)}\right], \quad (29)$$

$$\sigma_r = -X\frac{b^2}{c^2 - b^2}\left(1 - \frac{c^2}{r^2}\right), \tag{30a}$$

$$\sigma_\varphi = -X\frac{b^2}{c^2 - b^2}\left(1 + \frac{c^2}{r^2}\right). \tag{30b}$$

ζ) **Bestimmung der Unbekannten C_1, C_2, C_3 und X.** Setzen wir in Gl. (25) die Ausdrücke für die Verrückungen (18), (24) und (29) ein, so erhalten wir zusätzlich zu Gl. (21), (22) und (23) eine vierte Gleichung für die Bestimmung der vier Unbekannten C_1, C_2, C_3 und X:

$$\begin{aligned}
\frac{1 + \mu_m}{1 - \mu_m}\,\alpha_m\,\frac{1}{b}\int_a^b \vartheta(r,\,t)\,r\,dr + C_1 b + \frac{C_2}{b} - \mu_m\,b\,C_3 \\
= \alpha_{st}\,b\,\vartheta(b,\,t) - \frac{Xb}{E_{st}}\left(\frac{c^2 + b^2}{c^2 - b^2} + \mu_{st}\right).
\end{aligned} \tag{31}$$

e) Endformeln für die Spannungen im Mauerwerk

Mit den gefundenen Konstanten und mit den Abkürzungen

$$p = \frac{E_m}{E_{st}}\left(\frac{c^2 + b^2}{c^2 - b^2} + \mu_{st}\right) + \mu_m\frac{b^2 + a^2}{b^2 - a^2} - 1$$

und

$$q = \frac{E_m}{E_{st}}(b^2 - a^2)\left(\frac{c^2 + b^2}{c^2 - b^2} + \mu_{st}\right) + b^2(1 - \mu_m) + a^2(1 + \mu_m)$$

lauten die Gleichungen für die im Mauerwerk wirksamen Spannungen:

$$\begin{aligned}
\sigma_r = \frac{\alpha_m E_m}{1 - \mu_m}\Bigg[&\left(1 - \frac{a^2}{r^2}\right)\frac{p}{q}\int_a^b \vartheta(r,\,t)\,r\,dr - \frac{1}{r^2}\int_a^r \vartheta(r,\,t)\,r\,dr + \\
&+ \frac{\alpha_{st}}{\alpha_m}\frac{(1 - \mu_m)}{q}b^2\left(1 - \frac{a^2}{r^2}\right)\vartheta(b,\,t)\Bigg],
\end{aligned} \tag{32a}$$

$$\begin{aligned}
\sigma_\varphi = \frac{\alpha_m E_m}{1 - \mu_m}\Bigg[&\left(1 + \frac{a^2}{r^2}\right)\frac{p}{q}\int_a^b \vartheta(r,\,t)\,r\,dr + \frac{1}{r^2}\int_a^r \vartheta(r,\,t)\,r\,dr + \\
&+ \frac{\alpha_{st}}{\alpha_m}\left(1 + \frac{a^2}{r^2}\right)\frac{(1 - \mu_m)}{q}b^2\,\vartheta(b,\,t) - \vartheta(r,\,t)\Bigg],
\end{aligned} \tag{32b}$$

$$\sigma_z = \frac{\alpha_m E_m}{1 - \mu_m}\left[\frac{2}{b^2 - a^2}\int_a^b \vartheta(r,\,t)\,r\,dr - \vartheta(r,\,t)\right]. \tag{32c}$$

Die Koordinate r läuft im Bereich $a \leqq r \leqq b$.

f) Endformeln für die Spannungen im Stahlmantel

Der Stahlmantel wird nur durch Radial- und Tangentialspannung beansprucht. Die Gleichungen hierfür heißen:

$$\sigma_r = -\frac{\alpha_m E_m}{1-\mu_m}\,\frac{b^2}{c^2-b^2}\left(1-\frac{c^2}{r^2}\right)\left\{\left[\left(1-\frac{a^2}{b^2}\right)\frac{p}{q}-\frac{1}{b^2}\right]\int\limits_a^b \vartheta(r,\,t)\,r\,dr\ +\right.$$
$$\left.+\ \frac{\alpha_{st}}{\alpha_m}(1-\mu_m)\frac{b^2-a^2}{q}\,\vartheta(b,\,t)\right\}, \qquad (33\,\text{a})$$

$$\sigma_\varphi = -\frac{\alpha_m E_m}{1-\mu_m}\,\frac{b^2}{c^2-b^2}\left(1+\frac{c^2}{r^2}\right)\left\{\left[\left(1-\frac{a^2}{b^2}\right)\frac{p}{q}-\frac{1}{b^2}\right]\int\limits_a^b \vartheta(r,\,t)\,r\,dr\ +\right.$$
$$\left.+\ \frac{\alpha_{st}}{\alpha_m}(1-\mu_m)\frac{b^2-a^2}{q}\,\vartheta(b,\,t)\right\}. \qquad (33\,\text{b})$$

Die Koordinate r läuft hier im Bereich $b \leqq r \leqq c$.

g) Spannungsanteile durch Mauerwerksquellung und Behälterüberdruck

Wir berechnen nun die Spannungsanteile, welche durch Mauerwerksquellung und Behälterüberdruck hervorgerufen werden. Wegen des linearen Zusammenhangs von Spannungen und Dehnungen nach dem HOOKEschen Gesetz dürfen wir diese zusätzlichen Spannungsanteile gesondert ermitteln, um sie erst nachher den Wärmespannungen zu überlagern.

Für den Mauerzylinder gelten jetzt die Randbedingungen:

$$\sigma_r = -\sigma_0 \quad \text{für} \quad r = a\,,$$
$$\sigma_r = Y \qquad \text{für} \quad r = b\,.$$

Dabei gibt σ_0 den Betrag des Überdrucks im Behälter an und Y die an der Stelle $r = b$ wirkende Radialspannung infolge Mauerquellung und Behälterüberdruck.

Bestimmung der Übergangsgröße Y. Mit den obigen Randbedingungen erhalten wir für die Verrückung der äußeren Faser des Mauerzylinders in radialer Richtung drei Anteile:

$$u_{\mathrm{I}} = \frac{2a^2 b}{b^2-a^2}\,\frac{\sigma_0}{E_m} \qquad\qquad \text{infolge Überdruck,} \qquad\qquad (34\,\text{a})$$

$$u_{\mathrm{II}} = Q\,b \qquad\qquad\qquad\qquad \text{infolge Quellung,} \qquad\qquad\qquad (34\,\text{b})$$

$$u_{\mathrm{III}} = \frac{Y\,b}{E_m}\left(\frac{b^2+a^2}{b^2-a^2}-\mu_m\right) \ \text{infolge der Übergangsspannung } Y. \quad (34\,\text{c})$$

Dabei bedeutet Q die durch die Quellung hervorgerufene Dehnung je Koordinatenrichtung.

Für die radiale Verrückung der inneren Mantelfläche des Stahlzylinders ergibt sich:

$$u_{IV} = - \frac{Y\,b}{E_{st}} \left(\frac{c^2 + b^2}{c^2 - b^2} + \mu_{st} \right) \text{ infolge der Übergangsspannung } Y. \quad (34\,d)$$

Die Gleichsetzung der Verrückungen liefert

$$u_I + u_{II} + u_{III} = u_{IV}$$

und nach Einsetzen der obigen Ausdrücke:

$$\frac{2a^2 b}{b^2 - a^2} \frac{\sigma_0}{E_m} + Q\,b + \frac{Y\,b}{E_m} \left(\frac{b^2 + a^2}{b^2 - a^2} - \mu_m \right) = - \frac{Y\,b}{E_{st}} \left(\frac{c^2 + b^2}{c^2 - b^2} + \mu_{st} \right). \quad (35)$$

Daraus gewinnen wir eine Beziehung für Y, nämlich:

$$Y = - \frac{1}{q} [Q\,E_m(b^2 - a^2) + \sigma_0\,2a^2]. \quad (36)$$

h) Endformeln für die zusätzlichen Spannungen im Mauerwerk

Spezialisieren wir Gl. (28a, b) auf den Mauerzylinder mit den obigen Randbedingungen und setzen für Y den gefundenen Ausdruck ein, so entstehen für die Spannungsanteile infolge Quellung und Überdruck im Mauerwerk die Gleichungen:

$$\sigma_r = -Q \frac{E_m}{q} b^2 \left(1 - \frac{a^2}{r^2} \right) + \sigma_0 \left[\frac{b^2}{b^2 - a^2} \left(1 - \frac{2a^2}{q} \right) \left(1 - \frac{a^2}{r^2} \right) - 1 \right], \quad (37\,a)$$

$$\sigma_\varphi = -Q \frac{E_m}{q} b^2 \left(1 + \frac{a^2}{r^2} \right) + \sigma_0 \left[\frac{b^2}{b^2 - a^2} \left(1 - \frac{2a^2}{q} \right) \left(1 + \frac{a^2}{r^2} \right) - 1 \right]. \quad (37\,b)$$

Die Koordinate r läuft im Bereich $a \leqq r \leqq b$.

i) Endformeln für die zusätzlichen Spannungen im Stahlmantel

Gl. (28a, b) hatten wir auf den Stahlmantel zu Gl. (30a, b) bereits spezialisiert. Jetzt müssen wir an Stelle der Übergangsgröße X die Übergangsgröße Y eintragen. Damit kommen wir für die Spannungsanteile infolge Quellung und Überdruck im Stahlmantel zu folgenden Endformeln:

$$\sigma_r = - \frac{\left(1 - \dfrac{c^2}{r^2} \right)}{\left(1 - \dfrac{c^2}{b^2} \right)} \frac{1}{q} [Q\,E_m(b^2 - a^2) + \sigma_0\,2a^2], \quad (38\,a)$$

$$\sigma_\varphi = - \frac{\left(1 + \dfrac{c^2}{r^2} \right)}{\left(1 - \dfrac{c^2}{b^2} \right)} \frac{1}{q} [Q\,E_m(b^2 - a^2) + \sigma_0\,2a^2]. \quad (38\,b)$$

Die Koordinate r läuft im Bereich $b \leqq r \leqq c$.

III. Zahlenmäßige Auswertung

Allen Berechnungen wurden physikalische Größen nach folgender Aufstellung zugrunde gelegt[1]:

$0{,}030 \leqq d_m \leqq 0{,}200$	m	Mauerstärke
$2000 \leqq \varrho_m \leqq 2800$	$\dfrac{\text{kg}}{\text{m}^3}$	Mauerdichte
$c_m = 0{,}20$	$\dfrac{\text{kcal}}{\text{kg Grd}}$	spezifische Wärme von Mauerwerk
$0{,}5 \leqq \lambda_m \leqq 1{,}8$	$\dfrac{\text{kcal}}{\text{m Grd Std}}$	Wärmeleitfähigkeit von Mauerwerk
$E_m = 2{,}1 \cdot 10^5$	$\dfrac{\text{kg}}{\text{cm}^2}$	Elastizitätsmodul von Mauerwerk
$\alpha_m = 0{,}6 \cdot 10^{-5}$	Grd^{-1}	Wärmedehnzahl von Mauerwerk
$\mu_m = 0{,}250$		POISSONsche Zahl von Mauerwerk
$0{,}004 \leqq d_{st} \leqq 0{,}050$	m	Stahlmantelstärke
$\varrho_{st} = 7800$	$\dfrac{\text{kg}}{\text{m}^3}$	Dichte von Stahl
$c_{st} = 0{,}11$	$\dfrac{\text{kcal}}{\text{kg Grd}}$	spezifische Wärme von Stahl
$E_{st} = 2{,}1 \cdot 10^6$	$\dfrac{\text{kg}}{\text{cm}^2}$	Elastizitätsmodul von Stahl
$\alpha_{st} = 1{,}2 \cdot 10^{-5}$	Grd^{-1}	Wärmedehnzahl von Stahl
$\mu_{st} = 0{,}333$		POISSONsche Zahl von Stahl
$5 \leqq \alpha \leqq 20$	$\dfrac{\text{kcal}}{\text{m}^2 \text{Grd Std}}$	Wärmeübergangszahl
$0{,}2 \lesssim C^2 \lesssim 3$	Std^{-1}	reziproke Zeitkonstante bei Anheizung und Abkühlung
$0{,}4 \leqq c \leqq 2{,}0$	m	Behälteraußenradius.

Wir haben die recht unhandlichen Endformeln für die Spannungen in einem Netz von Stützstellen ausgewertet. Im folgenden wird eine Übersicht der zahlenmäßigen Berechnungen gegeben. Der nächste Abschnitt bringt die Kurventafeln und erläutert anhand eines Beispiels deren Anwendung. Die wichtigsten Zahlentafeln finden sich im Anhang.

A. Wärmeleitproblem

Die Auswertung der Endformeln (8) und (9) für den Temperaturverlauf beim Anheiz- und Abkühlvorgang setzt die Kenntnis der von g und h abhängigen Eigenwerte $k_n = k_n(g, h)$ voraus.

---

[1] Diese wurde uns freundlicherweise von Herrn Dr.-Ing. W. MATZ von den Farbwerken Hoechst zur Verfügung gestellt.

Wählt man die Variationsbreite der Stoffwerte und der geometrischen Abmessungen nach der obigen Tabelle, so ändern sich die Kenngrößen g und h in den Bereichen:

$$0{,}05 \leq g \leq 3{,}6, \qquad 0{,}08 \leq h \leq 8{,}0.$$

In diesen Bereichen haben wir die transzendente Gl. (7) für 8 Werte von h und 9 Werte von g zunächst graphisch aufgelöst und dann die zeichnerisch gewonnenen Rohwerte von k_1 bis k_5 mit Hilfe der NEWTONschen Formel bis zur 3. Dezimale verbessert. Die Eigenwerte finden sich zahlenmäßig in Zahlentafel 1 und 2 des Anhangs.

Wir interessieren uns hauptsächlich für die Wärmespannungen, die in verschiedenen Behältern bei unterschiedlich schneller Anheiz- und Abkühlgeschwindigkeit auftreten. Für einige spezielle Fälle haben wir zunächst den Temperaturverlauf ermittelt, und zwar für die kleinste

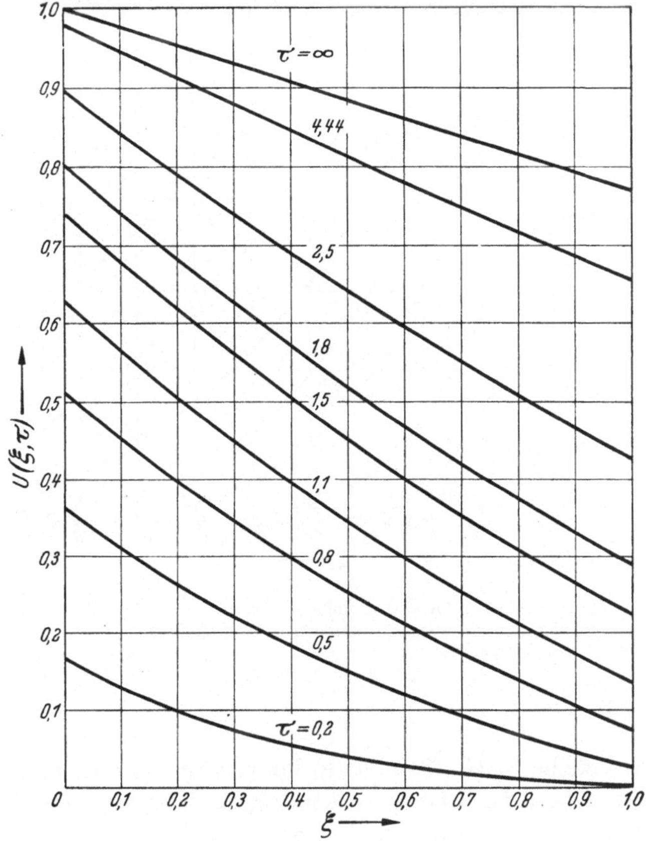

Abb. 7a. Anheizvorgang

$C^2 = 2$ Std.$^{-1}$; $\gamma^2 = 0{,}9$. Große Anheizgeschwindigkeit. Bruchteil $U(\xi, \tau)$ der Endtemperatur des inneren Randes. Parameterwerte $h = 0{,}3$; $g = 1{,}5$; $d_m = 0{,}03$ m; $d_{st} = 0{,}03$ m; $a_m = 2 \cdot 10^{-3}$ m²/Std.

und für die größte üblicherweise verwendete Mauerstärke bei mittlerer Stahlmanteldicke, wenn jeweils eine kleine und eine große Anheiz- und Abkühlgeschwindigkeit angenommen werden. Die Zahlenwerte für die Temperaturkurven wurden bis auf die 3. Dezimale genau be-

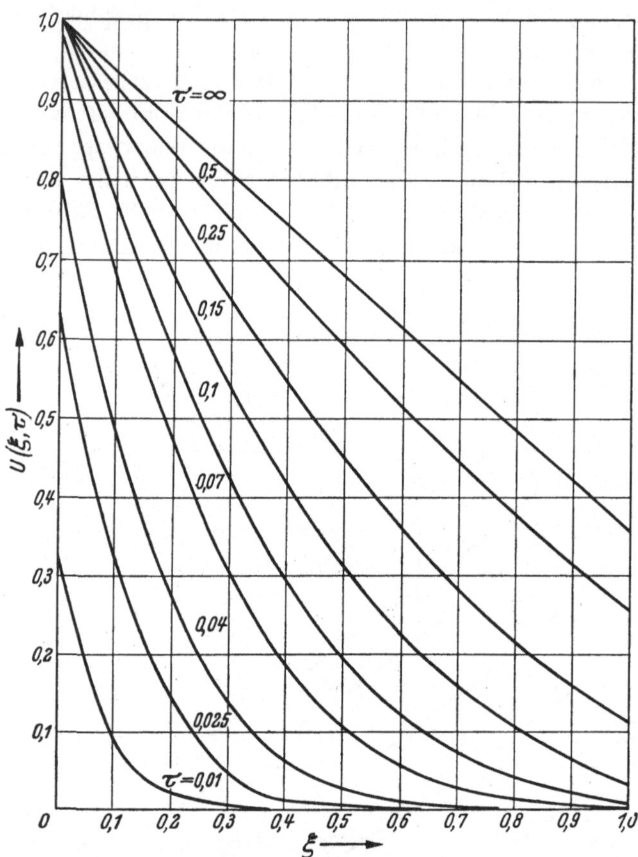

Abb. 7b. Anheizvorgang

$C^2 = 2$ Std.$^{-1}$; $\gamma^2 = 40$. Große Anheizgeschwindigkeit. Bruchteil $U(\xi, \tau)$ der Endtemperatur des inneren Randes. Parameterwerte $h = 1,8$; $g = 0,3$; $d_m = 0,2\,\text{m}$; $d_{st} = 0,03$ m; $a_m = 2 \cdot 10^{-3}$ m^2/Std.

rechnet. Die Reihe in Gl. (8) und (9) konvergiert so gut, daß nur bei sehr kleinen Zeiten das Reihenglied mit k_5 noch einen Beitrag liefert. Es genügt also die Kenntnis der ersten 5 Eigenwerte.

Als Beispiel gibt Abb. 7a, b und 8a, b einen Überblick des Temperaturverlaufs in der Ausmauerung eines Behälters beim Anheiz- und Abkühlvorgang mit schneller Temperaturänderung.

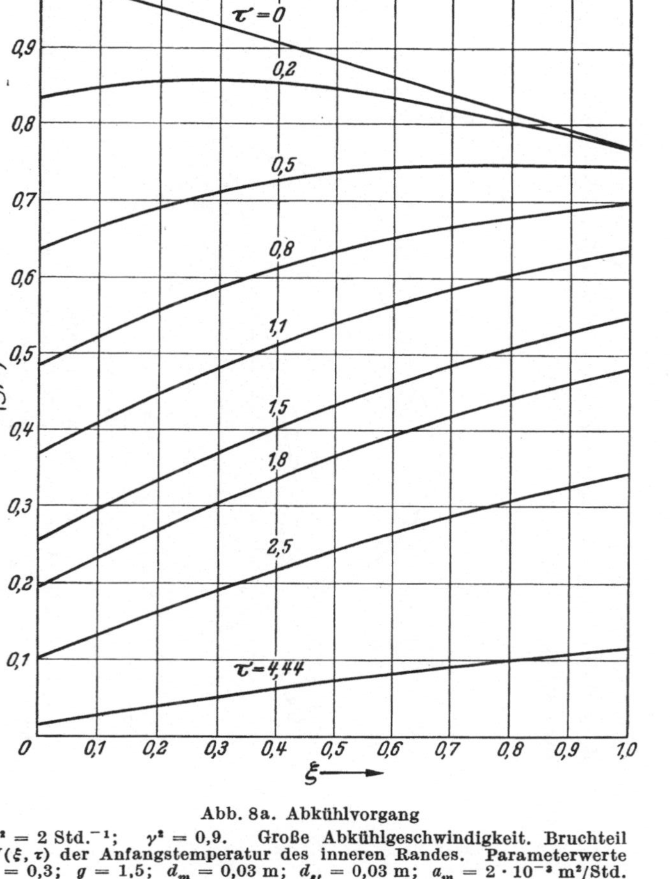

Abb. 8a. Abkühlvorgang

$C^2 = 2$ Std.$^{-1}$; $\gamma^2 = 0,9$. Große Abkühlgeschwindigkeit. Bruchteil $U(\xi,\tau)$ der Anfangstemperatur des inneren Randes. Parameterwerte $h = 0,3$; $g = 1,5$; $d_m = 0,03$ m; $d_{st} = 0,03$ m; $a_m = 2 \cdot 10^{-3}$ m²/Std.

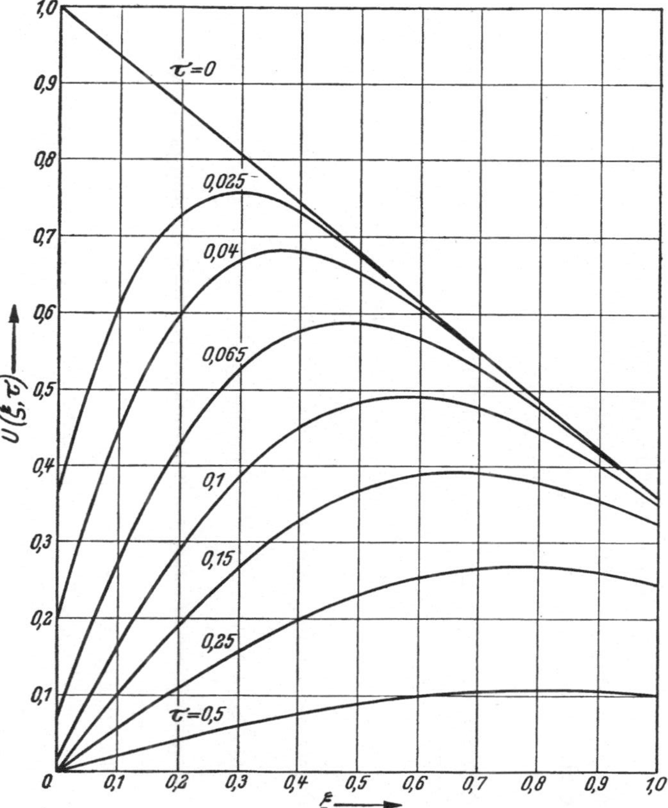
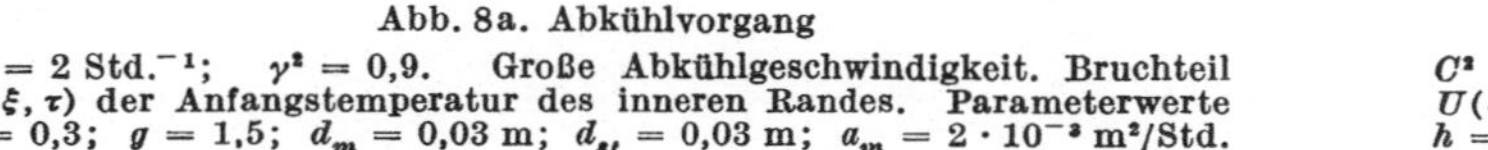

Abb. 8b. Abkühlvorgang

$C^2 = 2$ Std.$^{-1}$; $\gamma^2 = 40$. Große Abkühlgeschwindigkeit. Bruchteil $U(\xi,\tau)$ der Anfangstemperatur des inneren Randes. Parameterwerte $h = 1,8$; $g = 0,3$; $d_m = 0,2$ m; $d_t = 0,03$ m; $a_m = 2 \cdot 10^{-3}$ m²/Std.

B. Wärmespannungsproblem

In den Endformeln für die Berechnung der Spannungen tritt das Integral

$$\int_a^b \vartheta(r,\,t)\,r\,dr$$

auf. Mit $r = a + d_m\,\xi$ und Gl. (8) und (9) für $U(\xi,\tau)$ läßt es sich umformen zu

$$\vartheta_0\, d_m \int_0^1 U(\xi,\,\tau)\,(a + d_m\,\xi)\,d\xi.$$

und damit berechnen. Ganz entsprechend wird das Integral $\int_a^r \vartheta(r,t)\,r\,dr$

berechnet. Setzen wir zur Vereinfachung $\vartheta_0 = 1\,°\mathrm{C}$, so ergeben sich $\sigma_r,\,\sigma_\varphi,\,\sigma_z$ als Bruchteile der Spannung, welche nach Beendigung der Anheizung oder vor Beginn der Abkühlung am inneren Rande herrscht.

Zwischen den Endformeln für den Temperaturverlauf beim Anheiz- und Abkühlvorgang gilt die einfache Beziehung

$$-\,[\vartheta_{\mathrm{Anheiz}}(r,\,t) - \vartheta_{\mathrm{Anheiz}}(r,\,\infty)] = \vartheta_{\mathrm{Abkühl}}(r,\,t). \tag{39}$$

Deshalb folgt für die Spannungen

$$-\,[\sigma_{\mathrm{Anheiz}}(r,\,t) - \sigma_{\mathrm{Anheiz}}(r,\,\infty)] = \sigma_{\mathrm{Abkühl}}(r,\,t). \tag{40}$$

1. Modellfälle

Wir haben die Endformeln (32) und (33) zunächst für eine Reihe von Modellfällen ausgewertet, um einen Überblick über den Einfluß der verschiedenen Parameter zu erhalten.

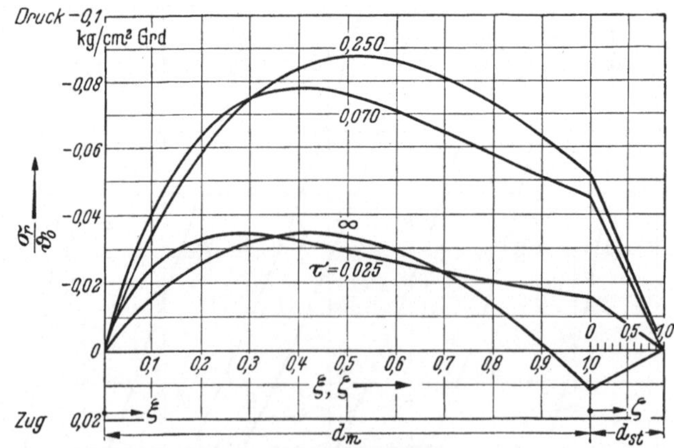

Abb. 9 a. Radialspannung

Bruchteil σ_r/ϑ_0 der radialen Wärmespannung im Mauer- und Stahlzylinder. Große Anheizgeschwindigkeit $C^2 = 2\ \mathrm{Std.}^{-1}$; $\gamma^2 = 40$. Parameterwerte $h = 1,8$; $g = 0,3$; $a = 0,57$ m; $d_m = 0,2$ m; $d_{st} = 0,03$ m; $E_m = 2,1 \cdot 10^5\ \mathrm{kg/cm^2}$; $E_{st} = 2,1 \cdot 10^6\ \mathrm{kg/cm^2}$; $\alpha_m = 0,6 \cdot 10^{-5}\ \mathrm{Grad}^{-1}$; $\alpha_{st} = 1,2 \cdot 10^{-5}\ \mathrm{Grad}^{-1}$; $\mu_m = 0,25$; $\mu_{st} = 0,333$

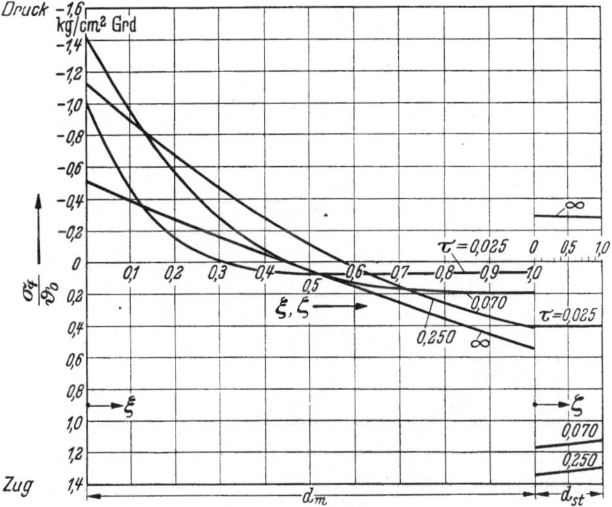

Abb. 9b. Tangentialspannung

Bruchteil $\sigma_\varphi/\vartheta_0$ der tangentialen Wärmespannung im Mauer- und Stahlzylinder. Große Anheizgeschwindigkeit $C^2 = 2$ Std.$^{-1}$; $\gamma^2 = 40$. Parameterwerte $h = 1,8$; $g = 0,3$; $a = 0,57$ m; $d_m = 0,2$ m; $d_{st} = 0,03$ m; $E_m = 2,1 \cdot 10^5$ kg/cm^2; $E_{st} = 2,1 \cdot 10^6$ kg/cm^2; $\alpha_m = 0,6 \cdot 10^{-5}$ Grad^{-1}; $\alpha_{st} = 1,2 \cdot 10^{-5}$ Grad^{-1}; $\mu_m = 0,25$; $\mu_{st} = 0,333$

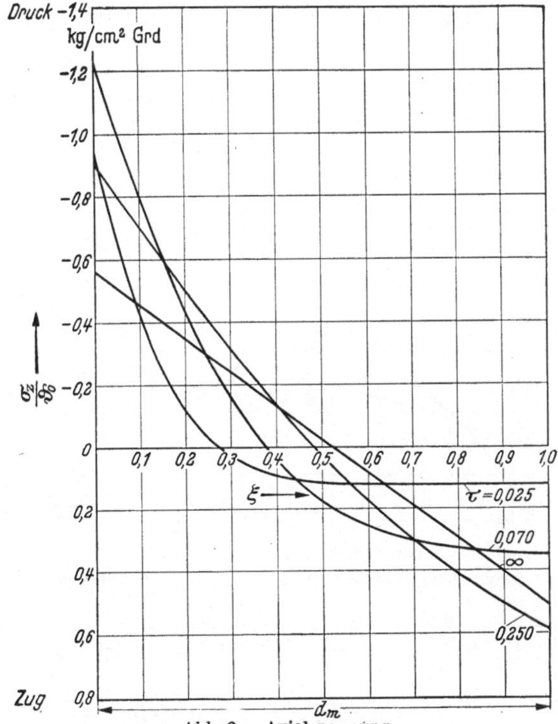

Abb. 9c. Axialspannung

Bruchteil σ_z/ϑ_0 der axialen Wärmespannung im Mauerzylinder. Große Anheizgeschwindigkeit $C^2 = 2$ Std.$^{-1}$; $\gamma^2 = 40$. Parameterwerte $h = 1,8$; $g = 0,3$; $a = 0,57$ m; $d_m = 0,2$ m; $d_{st} = 0,03$ m; $E_m = 2,1 \cdot 10^5$ kg/cm^2; $E_{st} = 2,1 \cdot 10^6$ kg/cm^2; $\alpha_m = 0,6 \cdot 10^{-5}$ Grad^{-1}; $\alpha_{st} = 1,2 \cdot 10^{-5}$ Grad^{-1}; $\mu_m = 0,25$; $\mu_{st} = 0,333$

Bei einem speziellen Fall findet sich für die Anheizung in Abb. 9a, b, c und für die Abkühlung in Abb. 10a, b, c die Spannungsverteilung

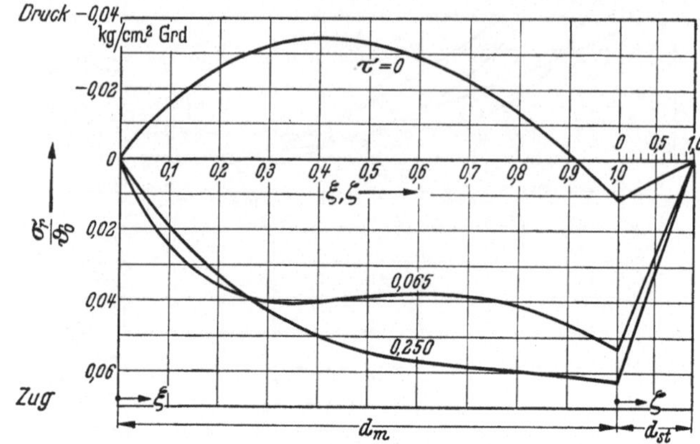

Abb. 10a. Radialspannung

Bruchteil σ_r/ϑ_0 der radialen Wärmespannung in Mauer- und Stahlzylinder. Große Abkühlgeschwindigkeit $C^2 = 2$ Std.$^{-1}$; $\gamma^2 = 40$. Parameterwerte $h = 1{,}8$; $g = 0{,}3$; $a = 0{,}57$ m; $d_m = 0{,}2$ m; $d_{st} = 0{,}03$ m; $E_m = 2{,}1 \cdot 10^5$ kg/cm²; $E_{st} = 2{,}1 \cdot 10^6$ kg/cm²; $\alpha_m = 0{,}6 \cdot 10^{-5}$ Grad^{-1}; $\alpha_{st} = 1{,}2 \cdot 10^{-5}$ Grad^{-1}; $\mu_m = 0{,}25$; $\mu_{st} = 0{,}333$

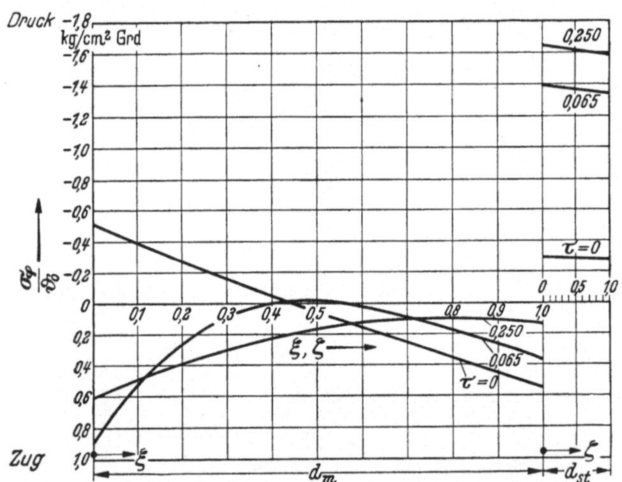

Abb. 10b. Tangentialspannung

Bruchteil $\sigma_\varphi/\vartheta_0$ der tangentialen Wärmespannung im Mauer- und Stahlzylinder. Große Abkühlgeschwindigkeit $C^2 = 2$ Std.$^{-1}$; $\gamma^2 = 40$. Parameterwerte $h = 1{,}8$; $g = 0{,}3$; $a = |0{,}57$ m; $d_m = 0{,}2$ m; $d_{st} = 0{,}03$ m; $E_m = 2{,}1 \cdot 10^5$ kg/cm²; $E_{st} = 2{,}1 \cdot 10^6$ kg/cm²; $\alpha_m = 0{,}6 \cdot 10^{-5}$ Grad^{-1}; $\alpha_{st} = 1{,}2 \cdot 10^{-5}$ Grad^{-1}; $\mu_m = 0{,}25$; $\mu_{st} = 0{,}333$

im Mauerwerk und Stahlmantel. Wir betrachten wieder den gleichen Behälter mit der Mauerstärke $d_m = 0{,}2$ m, der mittleren Temperaturleitzahl $2 \cdot 10^{-3}$ m²/Std und schneller Temperaturänderung, für den Abb. 7b und 8b den Temperaturverlauf wiedergeben.

Der allgemeine Überblick über die berechneten Modellfälle, für welche die hier gebrachten Bilder nur Beispiele geben, zeigt, daß die größten überhaupt auftretenden Spannungen die Tangentialspannungen sind. Auf diese können wir uns demnach bei der Tabellierung beschränken, weil nur die größten Spannungen eine Beschädigung ausgemauerter Behälter hervorrufen.

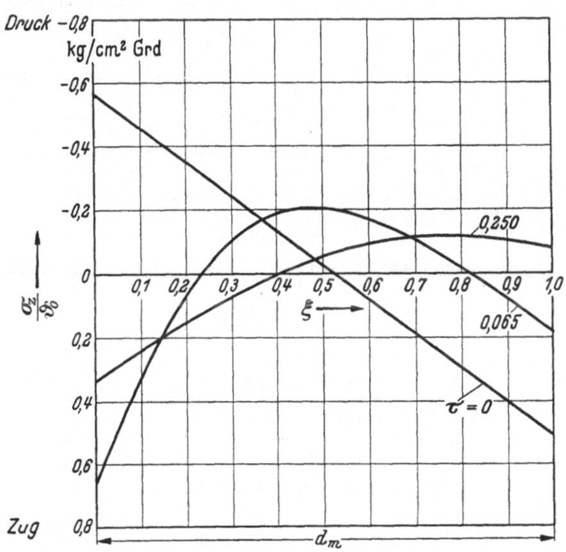

Abb. 10c. Axialspannung

Bruchteil σ_z/ϑ_0 der axialen Wärmespannung im Mauerzylinder. Große Abkühlgeschwindigkeit $C^2 = 2$ Std.$^{-1}$; $\gamma^2 = 40$. Parameterwerte $h = 1,8$; $g = 0,3$; $a = 0,57$ m; $d_m = 0,2$ m; $d_{st} = 0,03$ m; $E_m = 2,1 \cdot 10^5$ kg/cm²; $E_{st} = 2,1 \cdot 10^6$ kg/cm²; $\alpha_m = 0,6 \cdot 10^{-5}$ Grad^{-1}; $\alpha_{st} = 1,2 \cdot 10^{-5}$ Grad^{-1}; $\mu_m = 0,25$; $\mu_{st} = 0,333$

Bei der Anheizung verlaufen die Temperaturkurven zu allen Zeiten einsinnig. Das hat zur Folge, daß die größten Tangentialspannungen im Mauerwerk und Stahlmantel am inneren und äußeren Rand auftreten. Ermitteln wir die Tangentialspannung beispielsweise an der Stelle $\xi = 0$ für verschiedene Zeiten beim Anheizen, so wird vor Erreichen des stationären Zustands im allgemeinen eine maximale Spannung durchlaufen, deren Größe von der Anheizgeschwindigkeit, der Mauerstärke usw. abhängt. An der Stelle $\xi = 1$ wird hingegen die größte Spannung erst im stationären Zustand erreicht. Die Abb. 11a, b, c geben für den inneren und äußeren Rand des Mauerzylinders und den inneren Rand des Stahlzylinders bei kleiner Mauerstärke $d_m = 0,03$ m den Verlauf der Axial- und der Tangentialspannung über der Zeit für verschiedene Anheizgeschwindigkeiten wieder. Die Abb. 12a, b, c enthalten die Darstellung des Spannungsverlaufs bei großer Mauerstärke $d_m = 0,2$ m, sonst aber vollkommen gleichen Verhältnissen wie die Abb. 11a, b, c. Die gestrichelten Linien am rechten Bildrand entsprechen den zeitlichen Grenzwerten der Spannung, die sich nach Beendi-

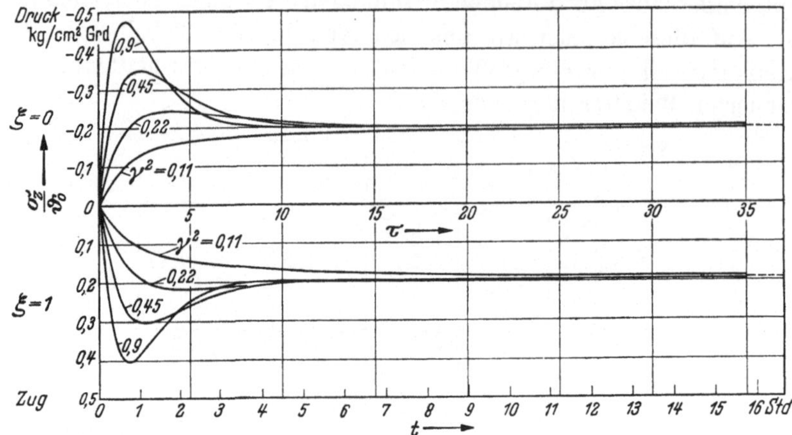

Abb. 11a. Axialspannung

Bruchteil σ_z/ϑ_0 der axialen Wärmespannung an den Rändern des Mauerzylinders.
Vier Anheizgeschwindigkeiten
$C^2 = 2$ Std.$^{-1}$; $C^2 = 1$ Std.$^{-1}$; $C^2 = 0,5$ Std.$^{-1}$; $C^2 = 0,25$ Std.$^{-1}$;
$\gamma^2 = 0,9$; $\gamma^2 = 0,45$; $\gamma^2 = 0,22$; $\gamma^2 = 0,11$.
Parameterwerte $h = 0,3$; $g = 1,5$; $a = 0,74$ m; $d_m = 0,03$ m; $d_{st} = 0,03$ m;
$E_m = 2,1 \cdot 10^5$ kg/cm²; $E_{st} = 2,1 \cdot 10^6$ kg/cm²; $\alpha_m = 0,6 \cdot 10^{-5}$ Grad^{-1}; $\alpha_{st} = 1,2 \cdot 10^{-5}$ Grad^{-1};
$\mu_m = 0,25$; $\mu_{st} = 0,333$

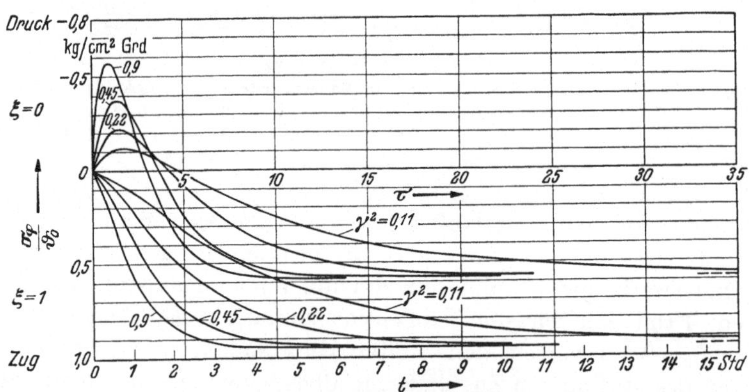

Abb. 11b. Tangentialspannung

Bruchteil $\sigma_\varphi/\vartheta_0$ der tangentialen Wärmespannung an den Rändern des Mauerzylinders.
Vier Anheizgeschwindigkeiten
$C^2 = 2$ Std.$^{-1}$; $C^2 = 1$ Std.$^{-1}$; $C^2 = 0,5$ Std.$^{-1}$; $C^2 = 0,25$ Std.$^{-1}$;
$\gamma^2 = 0,9$; $\gamma^2 = 0,45$; $\gamma^2 = 0,22$; $\gamma^2 = 0,11$.
Parameterwerte $h = 0,3$; $g = 1,5$; $a = 0,74$m; $d_m = 0,03$ m; $d_{st} = 0,03$ m;
$E_m = 2,1 \cdot 10^5$ kg/cm²; $E_{st} = 2,1 \cdot 10^6$ kg/cm²; $\alpha_m = 0,6 \cdot 10^{-5}$ Grad^{-1}; $\alpha_{st} = 1,2 \cdot 10^{-5}$ Grad^{-1};
$\mu_m = 0,25$; $\mu_{st} = 0,333$

gung der Anheizung einstellen. Für den äußeren Rand des Mauerzylinders ist der Grenzwert immer eine Zugspannung. Am inneren Rande kann der Grenzwert sowohl eine Druckspannung als auch eine Zugspannung sein.

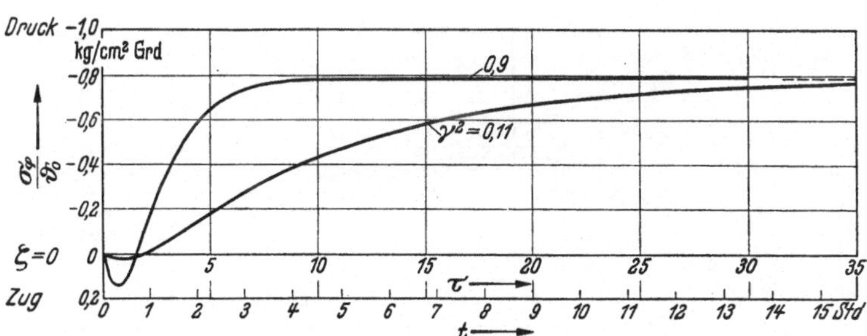

Abb. 11 c. Tangentialspannung

Bruchteil $\sigma_\varphi/\vartheta_0$ der tangentialen Wärmespannung am inneren Rande des Stahlzylinders.
Zwei Anheizgeschwindigkeiten
$C^2 = 2$ Std.$^{-1}$; $C^2 = 0,25$ Std.$^{-1}$;
$\gamma^2 = 0,9$; $\gamma^2 = 0,11$.
Parameterwerte $h = 0,3$; $g = 1,5$; $a = 0,74$ m; $d_m = 0,03$ m; $d_{st} = 0,03$ m;
$E_m = 2,1 \cdot 10^5$ kg/cm²; $E_{st} = 2,1 \cdot 10^6$ kg/cm²; $\alpha_m = 0,6 \cdot 10^{-5}$ Grad^{-1}; $\alpha_{st} = 1,2 \cdot 10^{-5}$ Grad^{-1};
$\mu_m = 0,25$; $\mu_{st} = 0,333$

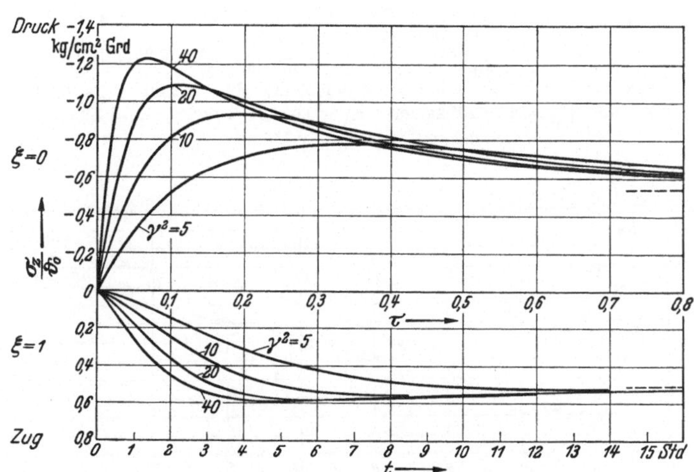

Abb. 12 a. Axialspannung

Bruchteil σ_z/ϑ_0 der axialen Wärmespannung an den Rändern des Mauerzylinders.
Vier Anheizgeschwindigkeiten
$C^2 = 2$ Std.$^{-1}$; $C^2 = 1$ Std.$^{-1}$; $C^2 = 0,5$ Std.$^{-1}$; $C^2 = 0,25$ Std.$^{-1}$;
$\gamma^2 = 40$; $\gamma^2 = 20$; $\gamma^2 = 10$; $\gamma^2 = 5$.
Parameterwerte $h = 1,8$; $g = 0,3$; $a = 0,57$ m; $d_m = 0,2$ m; $d_{st} = 0,03$ m;
$E_m = 2,1 \cdot 10^5$ kg/cm²; $E_{st} = 2,1 \cdot 10^6$ kg/cm²; $\alpha_m = 0,6 \cdot 10^{-5}$ Grad^{-1}; $\alpha_{st} = 1,2 \cdot 10^{-5}$ Grad^{-1};
$\mu_m = 0,25$; $\mu_{st} = 0,333$

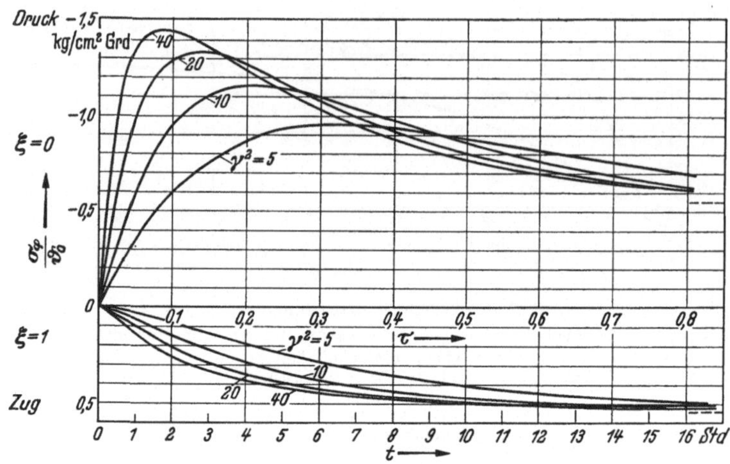

Abb. 12b. Tangentialspannung

Bruchteil $\sigma_\varphi/\vartheta_0$ der tangentialen Wärmespannung an den Rändern des Mauerzylinders.

Vier Anheizgeschwindigkeiten

$C^2 = 2$ Std.$^{-1}$; $C^2 = 1$ Std.$^{-1}$; $C^2 = 0,5$ Std.$^{-1}$; $C^2 = 0,25$ Std.$^{-1}$;

$\gamma^2 = 40$; $\gamma^2 = 20$; $\gamma^2 = 10$; $\gamma^2 = 5$.

Parameterwerte $h = 1,8$; $g = 0,3$; $a = 0,57$ m; $d_m = 0,2$ m; $d_{st} = 0,03$;

$E_m = 2,1 \cdot 10^5$ kg/cm^2; $E_{st} = 2,1 \cdot 10^6$ kg/cm^2; $\alpha_m = 0,6 \cdot 10^{-5}$ Grad^{-1}; $\alpha_{st} = 1,2 \cdot 10^{-5}$ Grad^{-1};

$\mu_m = 0,25$; $\mu_{st} = 0,333$

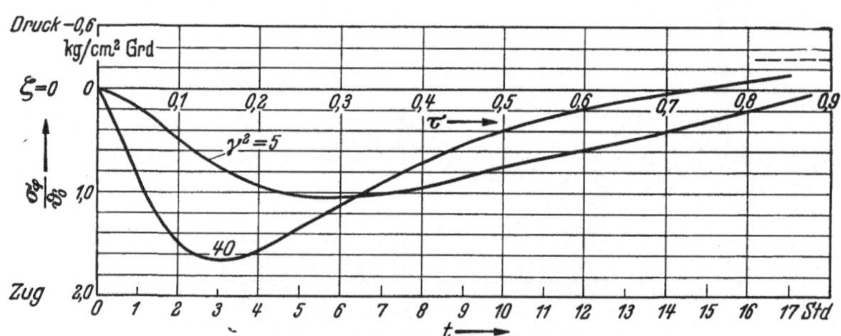

Abb. 12c. Tangentialspannung

Bruchteil $\sigma_\varphi/\vartheta_0$ der tangentialen Wärmespannung am inneren Rande des Stahlzylinders.

Zwei Anheizgeschwindigkeiten

$C^2 = 2$ Std.$^{-1}$; $C^2 = 0,25$ Std.$^{-1}$;

$\gamma^2 = 40$; $\gamma^2 = 5$.

Parameterwerte $h = 1,8$; $g = 0,3$; $a = 0,57$ m; $d_m = 0,2$ m; $d_{st} = 0,03$ m;

$E_m = 2,1 \cdot 10^5$ kg/cm^2; $E_{st} = 2,1 \cdot 10^6$ kg/cm^2; $\alpha_m = 0,6 \cdot 10^{-5}$ Grad^{-1}; $\alpha_{st} = 1,2 \cdot 10^{-5}$ Grad^{-1};

$\mu_m = 0,25$; $\mu_{st} = 0,333$

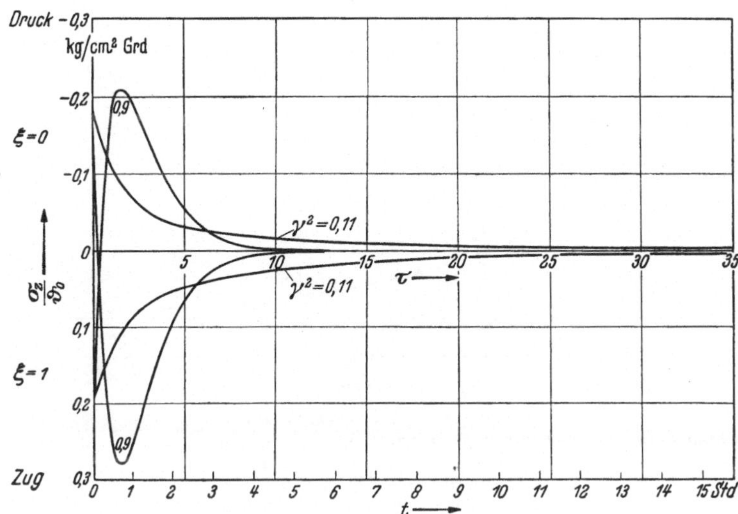

Abb. 13a. Axialspannung

Bruchteil σ_z/ϑ_0 der axialen Wärmespannung an den Rändern des Mauerzylinders.
Zwei Abkühlgeschwindigkeiten
$C^2 = 2$ Std.$^{-1}$; $C^2 = 0,25$ Std.$^{-1}$;
$\gamma^2 = 0,9$; $\gamma^2 = 0,11$.
Parameterwerte $h = 0,3$; $g = 1,5$; $a = 0,74$ m; $d_m = 0,03$ m; $d_{st} = 0,03$ m;
$E_m = 2,1 \cdot 10^5$ kg/cm²; $E_{st} = 2,1 \cdot 10^6$ kg/cm²; $\alpha_m = 0,6 \cdot 10^{-5}$ Grad^{-1}; $\alpha_{st} = 1,2 \cdot 10^{-5}$ Grad^{-1}
$\mu_m = 0.25$; $\mu_{st} = 0,333$

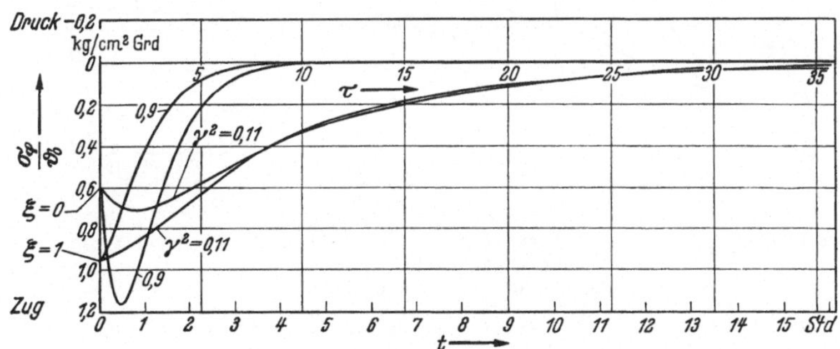

Abb. 13b. Tangentialspannung

Bruchteil $\sigma_\varphi/\vartheta_0$ der tangentialen Wärmespannung an den Rändern des Mauerzylinders.
Zwei Abkühlgeschwindigkeiten
$C^2 = 2$ Std.$^{-1}$; $C^2 = 0,25$ Std.$^{-1}$;
$\gamma^2 = 0,9$; $\gamma^2 = 0,11$.
Parameterwerte $h = 0,3$; $g = 1,5$; $a = 0,74$ m; $d_m = 0,03$ m; $d_{st} = 0,03$ m;
$E_m = 2,1 \cdot 10^5$ kg/cm²; $E_{st} = 2,1 \cdot 10^6$ kg/cm²; $\alpha_m = 0,6 \cdot 10^{-5}$ Grad^{-1}; $\alpha_{st} = 1,2 \cdot 10^{-5}$ Grad^{-1};
$\mu_m = 0,25$; $\mu_{st} = 0,333$

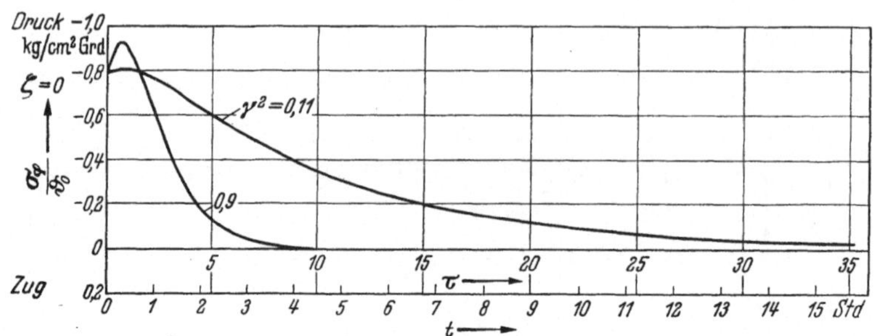

Abb. 13 c. Tangentialspannung

Bruchteil $\sigma_\varphi/\vartheta_0$ der tangentialen Wärmespannung am inneren Rande des Stahlzylinders.

Zwei Abkühlgeschwindigkeiten

$C^2 = 2$ Std.$^{-1}$; $C^2 = 0{,}25$ Std.$^{-1}$;

$\gamma^2 = 0{,}9$; $\gamma^2 = 0{,}11$.

Parameterwerte $h = 0{,}3$; $g = 1{,}5$; $a = 0{,}74$ m; $d_m = 0{,}03$ m; $d_{st} = 0{,}03$ m;

$E_m = 2{,}1 \cdot 10^5$ kg/cm²; $E_{st} = 2{,}1 \cdot 10^6$ kg/cm²; $\alpha_m = 0{,}6 \cdot 10^{-5}$ Grad^{-1}; $\alpha_{st} = 1{,}2 \cdot 10^{-5}$ Grad^{-1};

$\mu_m = 0{,}25$; $\mu_{st} = 0{,}333$

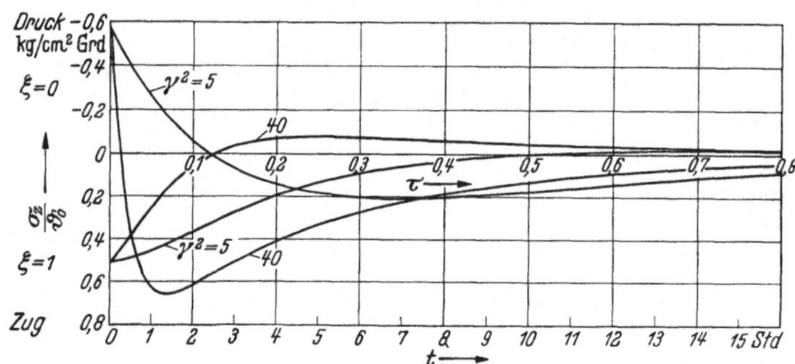

Abb. 14 a. Axialspannung

Bruchteil σ_z/ϑ_0 der axialen Wärmespannung an den Rändern des Mauerzylinders.

Zwei Abkühlgeschwindigkeiten

$C^2 = 2$ Std.$^{-1}$; $C^2 = 0{,}25$ Std.$^{-1}$;

$\gamma^2 = 40$; $\gamma^2 = 5$.

Parameterwerte $h = 1{,}8$; $g = 0{,}3$; $a = 0{,}57$ m; $d_m = 0{,}2$ m; $d_{st} = 0{,}03$ m;

$E_m = 2{,}1 \cdot 10^5$ kg/cm²; $E_{st} = 2{,}1 \cdot 10^6$ kg/cm²; $\alpha_m = 0{,}6 \cdot 10^{-5}$ Grad^{-1}; $\alpha_{st} = 1{,}2 \cdot 10^{-5}$ Grad^{-1};

$\mu_m = 0{,}25$; $\mu_{st} = 0{,}333$

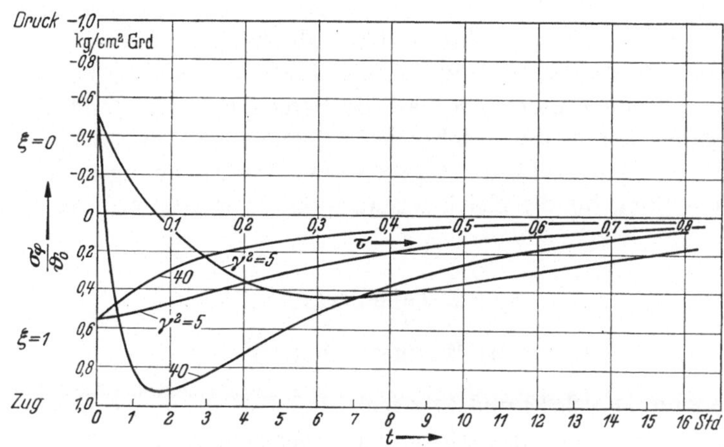

Abb. 14b. Tangentialspannung

Bruchteil $\sigma_\varphi/\vartheta_0$ der tangentialen Wärmespannung an den Rändern des Mauerzylinders.
Zwei Abkühlgeschwindigkeiten
$C^2 = 2$ Std.$^{-1}$; $C^2 = 0,25$ Std.$^{-1}$;
$\gamma^2 = 40$; $\gamma^2 = 5$.
Parameterwerte $h = 1,8$; $g = 0,3$; $a = 0,57$ m; $d_m = 0,2$ m; $d_{st} = 0,03$ m;
$E_m = 2,1 \cdot 10^5$ kg/cm²; $E_{st} = 2,1 \cdot 10^6$ kg/cm²; $\alpha_m = 0,6 \cdot 10^{-5}$ Grad^{-1}; $\alpha_{st} = 1,2 \cdot 10^{-5}$ Grad^{-1};
$\mu_m = 0,25$; $\mu_{st} = 0,333$

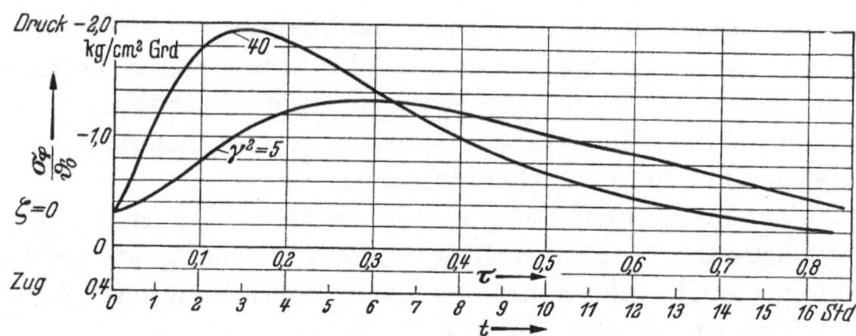

Abb. 14c. Tangentialspannung

Bruchteil $\sigma_\varphi/\vartheta_0$ der tangentialen Wärmespannung am inneren Rande des Stahlzylinders.
Zwei Abkühlgeschwindigkeiten
$C^2 = 2$ Std.$^{-1}$; $C^2 = 0,25$ Std.$^{-1}$;
$\gamma^2 = 40$; $\gamma^2 = 5$.
Parameterwerte $h = 1,8$; $g = 0,3$; $a = 0,57$ m; $d_m = 0,2$ m; $d_{st} = 0,03$ m;
$E_m = 2,1 \cdot 10^5$ kg/cm²; $E_{st} = 2,1 \cdot 10^6$ kg/cm²; $\alpha_m = 0,6 \cdot 10^{-5}$ Grad^{-1}; $\alpha_{st} = 1,2 \cdot 10^{-5}$ Grad^{-1};
$\mu_m = 0,25$; $\mu_{st} = 0,333$

Bei der Abkühlung verlaufen die Temperaturkurven nicht zu allen Zeiten einsinnig. Deshalb gibt es dann gewisse Zeiten, zu denen beispielsweise die Spannung bei $\xi = 0{,}5$ größer ist, als die Spannungen an den beiden Rändern. Die größten überhaupt auftretenden Spannungen beim Abkühlvorgang liegen indessen ebenso wie bei der Anheizung an den Rändern, so daß die Berechnung der Randwerte bereits genügt, um die gefährlichen Spannungen zu erfassen. Die Abb. 13a, b, c und 14a, b, c geben die Randspannungen im Falle der Abkühlung für die gleichen Mauerstärken wie die Abb. 11 und 12.

2. Tabellierung

a) Wärmespannungen

Die Abb. 11, 12, 13 und 14 zeigen, daß die Spannungsmaxima sehr stark von der Änderungsgeschwindigkeit der Temperatur abhängig sind. Zweck unserer ganzen Berechnung ist es, für die verschiedensten Behälter die größten Spannungen in Abhängigkeit von der Anheizgeschwindigkeit zu ermitteln. Dann sind wir nämlich imstande, die Anheizgeschwindigkeit so klein zu wählen, daß die maximal zulässige Materialbeanspruchung nicht überschritten wird.

Mit Tischrechenmaschinen haben wir die nachstehend beschriebene umfangreiche Tabellierung durchgeführt. Sie bezieht sich hauptsächlich auf die Erfassung der zeitlichen Maximalwerte der Tangentialspannung, wie sie in den Abb. 11. 12, 13 und 14 zutage treten. Es genügt, die Spannungsmaxima für den Anheizvorgang und die zeitlichen Grenzwerte zu berechnen. Die einfache Beziehung (40) liefert dann die Spannungsmaxima für den Abkühlvorgang.

Die zahlenmäßige Auswertung geschah zunächst für einen einzigen Behälteraußenradius c. Erst nachher wurde untersucht, wie groß die Abweichungen sind, falls c einen anderen Wert annimmt. Ähnlich wurde mit den Stoffwerten für das Mauerwerk verfahren.

Weil in den Endformeln (32) und (33) die Radien für Mauer- und Stahlzylinder erscheinen, müssen wir den Parameter g für feste Kombinationen der Dicken d_{st} und d_m bestimmen. Tab. 1 gibt eine Übersicht der gewählten d_{st} und der Bereiche für den Parameter h und den Anheizfaktor γ^2 in den berechneten Fällen.

Die Spannungen wurden für beide Ränder des Mauerzylinders und für den inneren Rand des Stahlzylinders berechnet und die Zahlenwerte für die Maxima kurvenmäßig als Bruchteile $\sigma_\varphi/\vartheta_0$ über γ^2 mit Parameter h dargestellt.

In den Zahlentafeln 3 bis 9 finden sich die Zahlenwerte für die maximalen Wärmespannungen im Mauerwerk, in den Zahlentafeln 10

Tabelle 1

d_m \ d_{st}	0,004 m	0,01 m	0,03 m	0,05 m
0,03 m	$0,08 \leq h \leq 1,8$ $0,05 \leq \gamma^2 \leq 50$	$0,08 \leq h \leq 1,8$ $0,05 \leq \gamma^2 \leq 50$	$0,08 \leq h \leq 1,8$ $0,05 \leq \gamma^2 \leq 50$	$0,08 \leq h \leq 1,8$ $0,05 \leq \gamma^2 \leq 50$
0,06 m	$0,08 \leq h \leq 3,0$ $0,05 \leq \gamma^2 \leq 50$	$0,08 \leq h \leq 3,0$ $0,05 \leq \gamma^2 \leq 50$		
0,08 m			$0,3 \leq h \leq 3,0$ $0,05 \leq \gamma^2 \leq 50$	$0,3 \leq h \leq 3,0$ $0,05 \leq \gamma^2 \leq 50$
0,14 m		$0,3 \leq h \leq 5,0$ $0,05 \leq \gamma^2 \leq 100$	$0,3 \leq h \leq 5,0$ $0,05 \leq \gamma^2 \leq 100$	$0,3 \leq h \leq 5,0$ $0,05 \leq \gamma^2 \leq 100$
0,2 m			$0,6 \leq h \leq 8,0$ $0,05 \leq \gamma^2 \leq 100$	$0,6 \leq h \leq 8,0$ $0,05 \leq \gamma^2 \leq 100$

bis 14 die Zahlenwerte für die maximalen Wärmespannungen im Stahlmantel. Abb. 15 bis 40 enthalten die zugehörigen kurvenmäßigen Darstellungen.

Für die gleichen Kombinationen von d_{st} und d_m wie bei den Maximalwerten wurden auch die zeitlichen Grenzwerte der Spannung berechnet. Die Spannungsbeträge, die sich nach Beendigung der Anheizung im Mauerwerk und Stahlmantel einstellen, finden sich in den Zahlentafeln 15 bis 17, deren Kurvendarstellung in Abb. 41 bis 43.

Darauf gestützt lassen sich die Maximalwerte der Spannung im Mauerwerk und Stahlmantel für den Fall der Abkühlung gewinnen.

Um einen Überblick über die Änderungen der Wärmespannungsbeträge zu erhalten, für den Fall, daß der Behälteraußenradius die Werte $c = 0,4$ m oder 1,2 m annimmt, wurden für vier Extremfälle der Kombinationen von d_{st} und d_m die Endformeln (32) und (33) mit den neuen Werten von c ausgewertet.

Bei der kleinen Stahlmantelstärke $d_{st} = 0,004$ m und den Mauerstärken $d_m = 0,03$ m und $d_m = 0,06$ m sind die Abweichungen der Spannungsbeträge vom berechneten Normalfall sowohl im Mauerwerk als auch im Stahlmantel so gering, daß auf eine kurvenmäßige Darstellung verzichtet wurde.

Bei der großen Stahlmantelstärke $d_{st} = 0,05$ m mit den Mauerstärken $d_m = 0,03$ m und $d_m = 0,2$ m ergibt die Auswertung bei abgeändertem Behälterradius c größere Abweichungen für die Spannungsmaxima.

Abb. 44a, b geben die Vergleichswerte bei verschiedenen Behälterradien für die maximalen Wärmespannungen im Mauerwerk. Abb. 45a,b
die entsprechenden Kurvendarstellungen der maximalen Wärmespannungen im Stahlmantel.

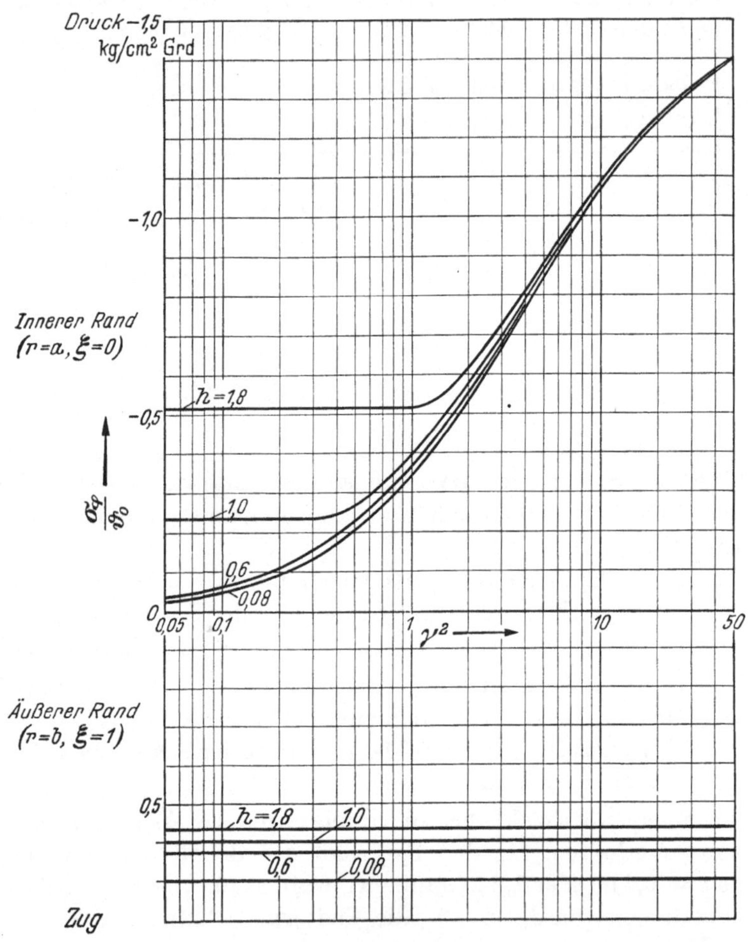

Abb. 15. Mauerzylinder

Zeitliches Maximum der Tangentialspannung in Beziehung zum Anheizfaktor γ^2 mit den
Parametern $h = 0{,}08,\ 0{,}6,\ 1{,}0,\ 1{,}8$; $g = 0{,}2$; $c = 0{,}8$ m; $d_{st} = 0{,}004$ m; $d_m = 0{,}03$ m

Die Vergleichsrechnungen zeigen, daß die für $c = 0,8$ m tabellierten Werte der Wärmespannung mit guter Näherung auch für andere Behältergrößen übernommen werden dürfen.

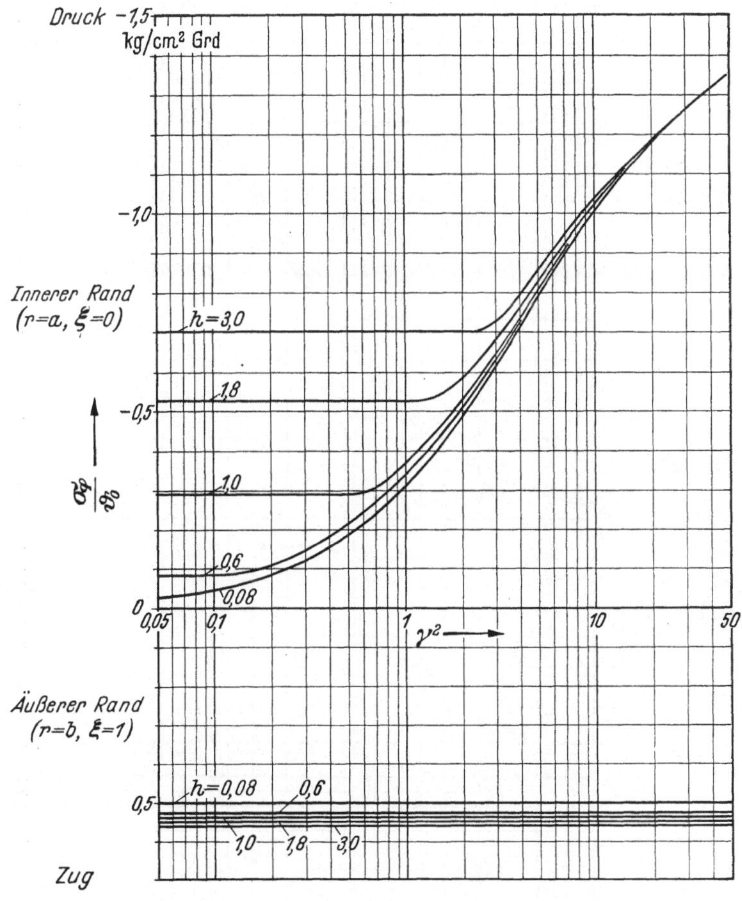

Abb. 16. Mauerzylinder

Zeitliches Maximum der Tangentialspannung in Beziehung zum Anheizfaktor γ^2 mit den Parametern $h = 0,08,\ 0,6,\ 1,0,\ 1,8,\ 3,0$; $g = 0,1$; $c = 0,8$ m; $d_{st} = 0,004$ m; $d_m = 0,06$ m

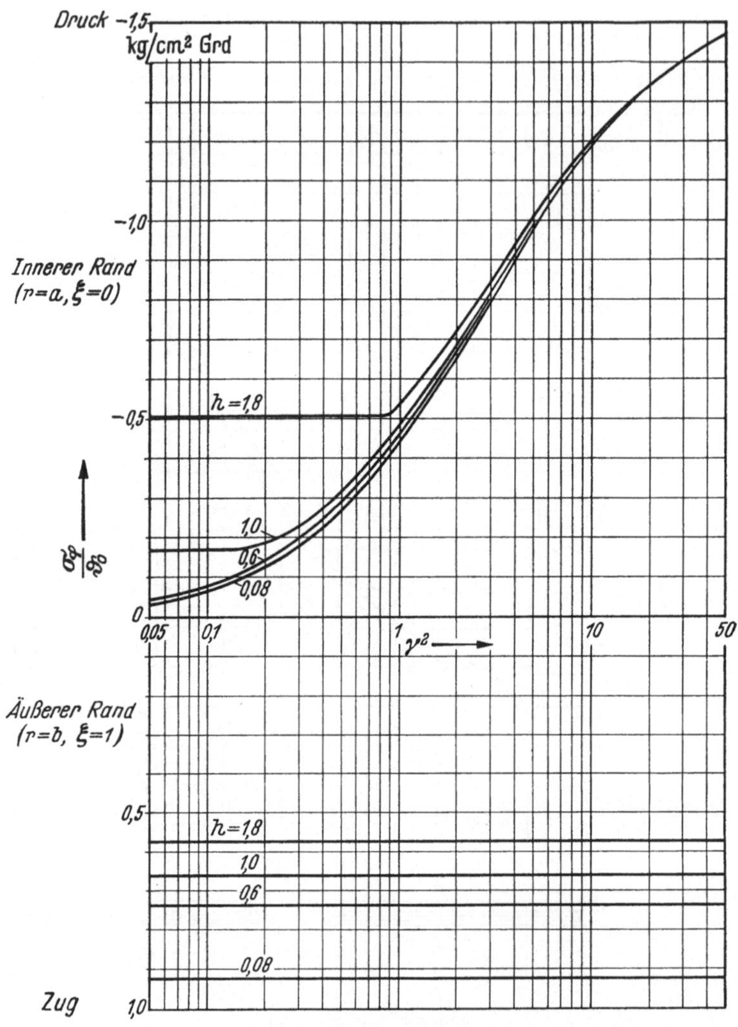

Abb. 17. Mauerzylinder

Zeitliches Maximum der Tangentialspannung in Beziehung zum Anheizfaktor γ^2 mit den Parametern $h = 0{,}08$, $0{,}6$, $1{,}0$, $1{,}8$; $q = 0{,}6$; $c = 0{,}8$ m; $d_{st} = 0{,}01$ m; $d_m = 0{,}03$ m

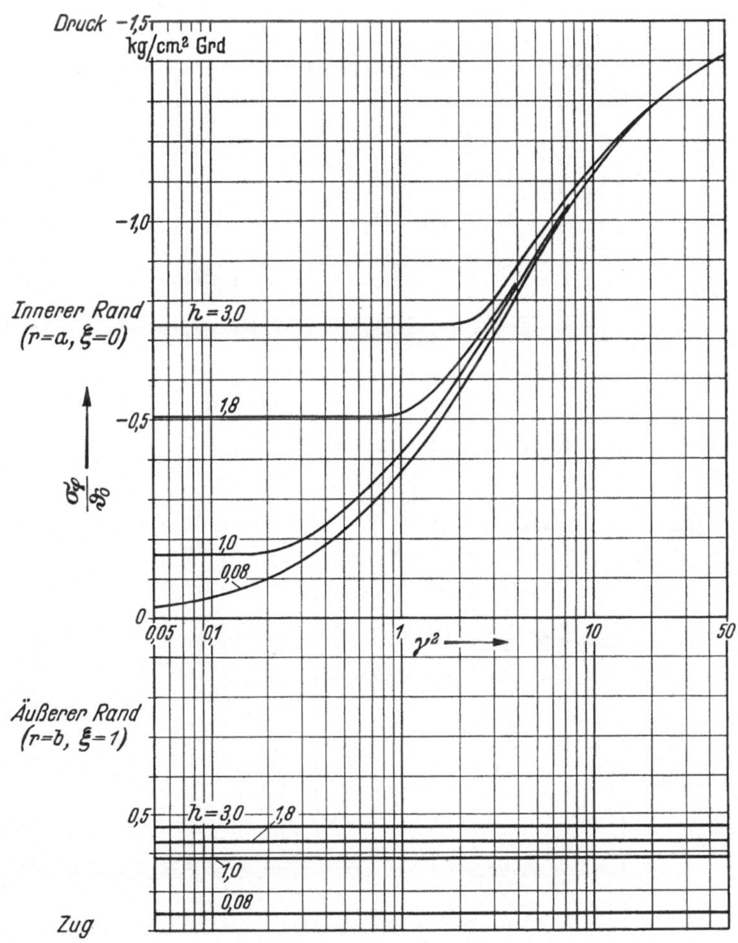

Abb. 18. Mauerzylinder

Zeitliches Maximum der Tangentialspannung in Beziehung zum Anheizfaktor γ^2 mit den Parametern $h = 0{,}08$, $1{,}0$, $1{,}8$, $3{,}0$; $g = 0{,}3$; $c = 0{,}8$ m; $d_{st} = 0{,}01$ m; $d_m = 0{,}06$ m

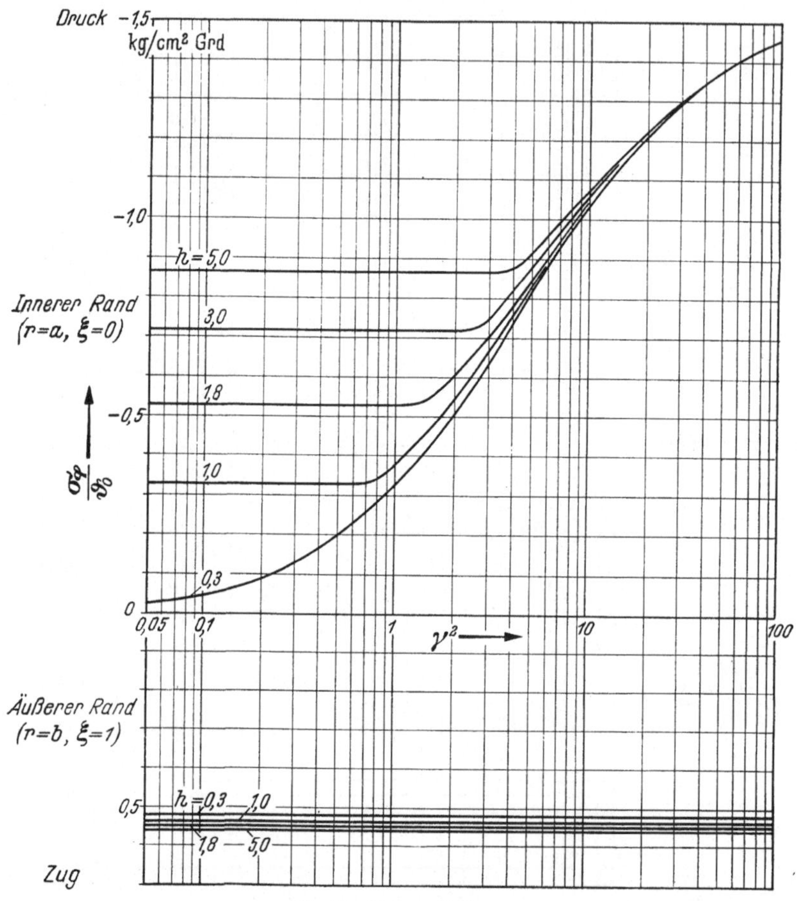

Abb. 19. Mauerzylinder

Zeitliches Maximum der Tangentialspannung in Beziehung zum Anheizfaktor γ^2 mit den Parametern $h = 0{,}3,\ 1{,}0,\ 1{,}8,\ 3{,}0,\ 5{,}0$; $\ g = 0{,}1$; $\ c = 0{,}8$ m; $\ d_{st} = 0{,}01$ m; $\ d_m = 0{,}14$ m

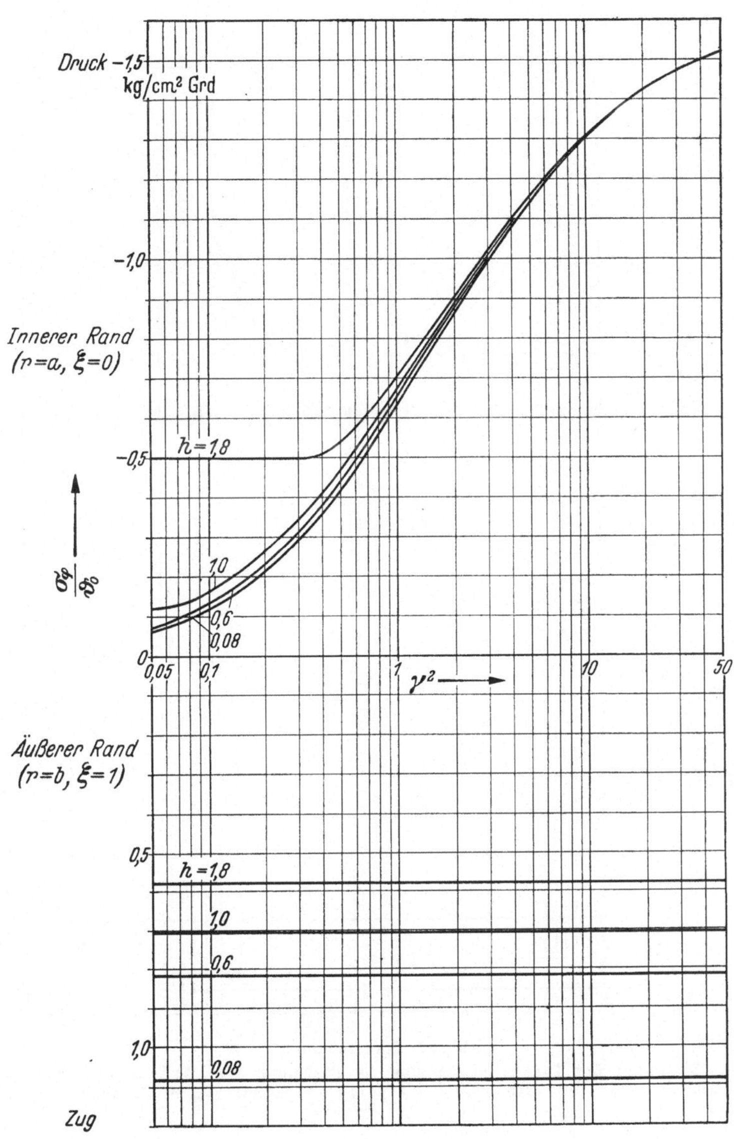

Abb. 20. Mauerzylinder

Zeitliches Maximum der Tangentialspannung in Beziehung zum Anheizfaktor γ^2 mit den Parametern $h = 0{,}08,\ 0{,}6,\ 1{,}0,\ 1{,}8;\quad g = 1{,}8;\quad c = 0{,}8$ m; $\ d_{st} = 0{,}03$ m; $\ d_m = 0{,}03$ m

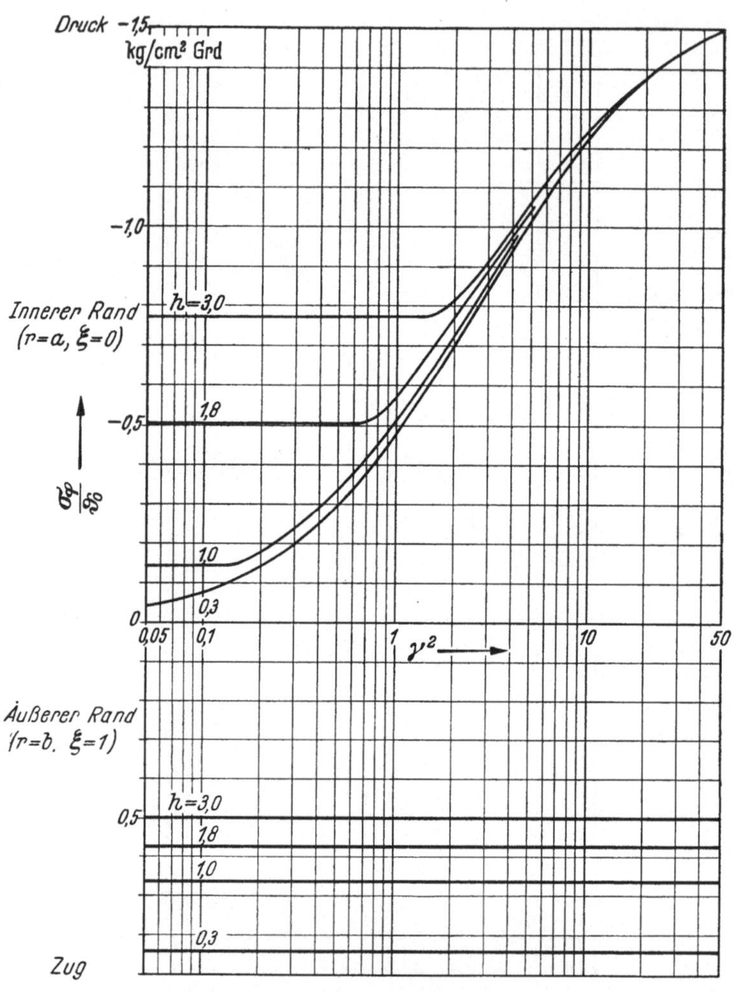

Abb. 21. Mauerzylinder

Zeitliches Maximum der Tangentialspannung in Beziehung zum Anheizfaktor γ^2 mit den Parametern $h = 0{,}3,\ 1{,}0,\ 1{,}8,\ 3{,}0;\quad g = 0{,}7;\quad c = 0{,}8\ \text{m};\quad d_{st} = 0{,}03\ \text{m};\quad d_m = 0{,}08\ \text{m}$

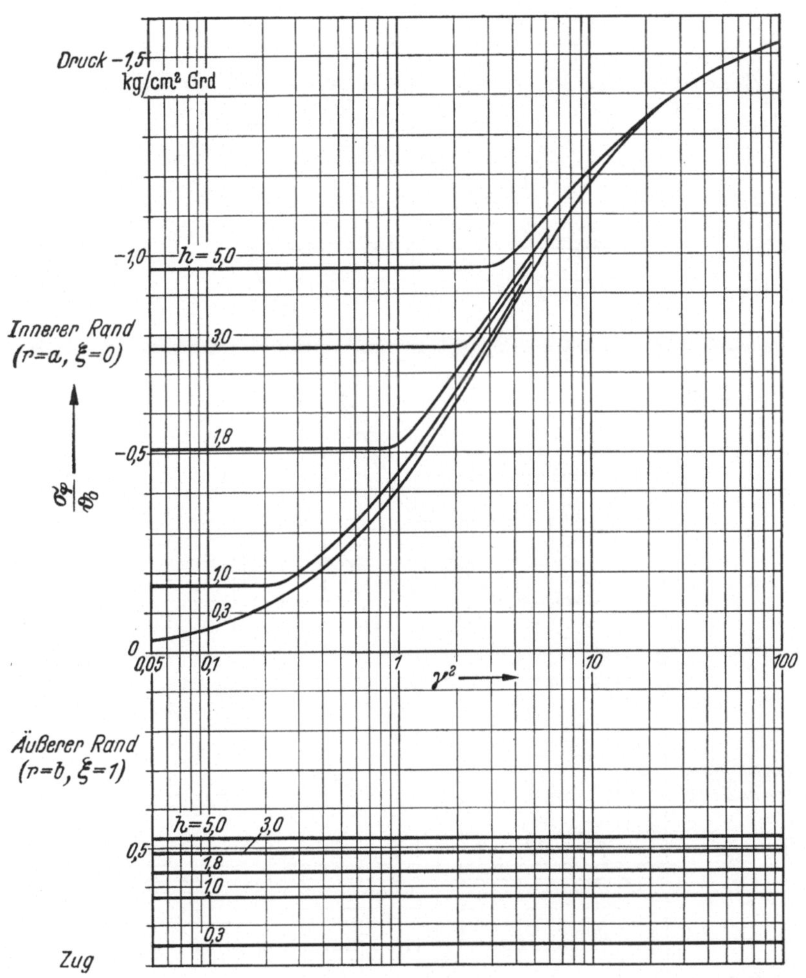

Abb. 22. Mauerzylinder

Zeitliches **Maximum** der Tangentialspannung in Beziehung zum Anheizfaktor γ^2 mit den Parametern h = 0,3, 1,0, 1,8, 3,0, 5,0; g = 0,4; c = 0,8 m; d_{st} = 0,03 m; d_m = 0,14 m

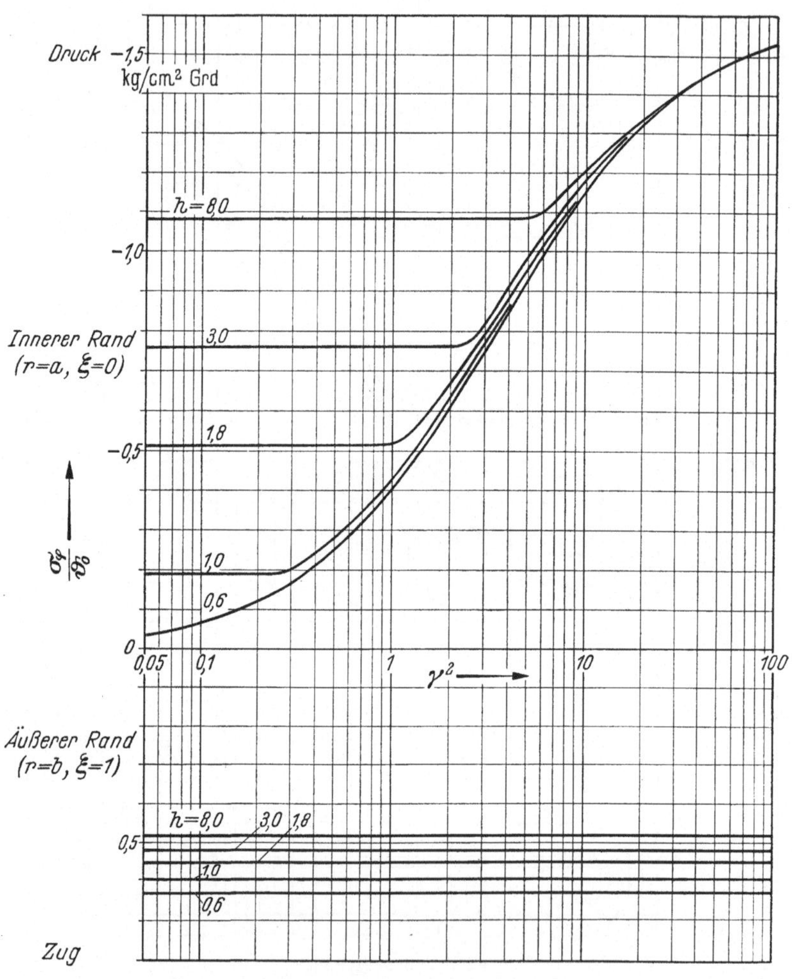

Abb. 23. Mauerzylinder

Zeitliches Maximum der Tangentialspannung in Beziehung zum Anheizfaktor γ^2 mit den Parametern $h = 0{,}6,\ 1{,}0,\ 1{,}8,\ 3{,}0,\ 8{,}0;\quad g = 0{,}3;\quad c = 0{,}8$ m; $\quad d_{st} = 0{,}03$ m; $\quad d_m = 0{,}2$ m

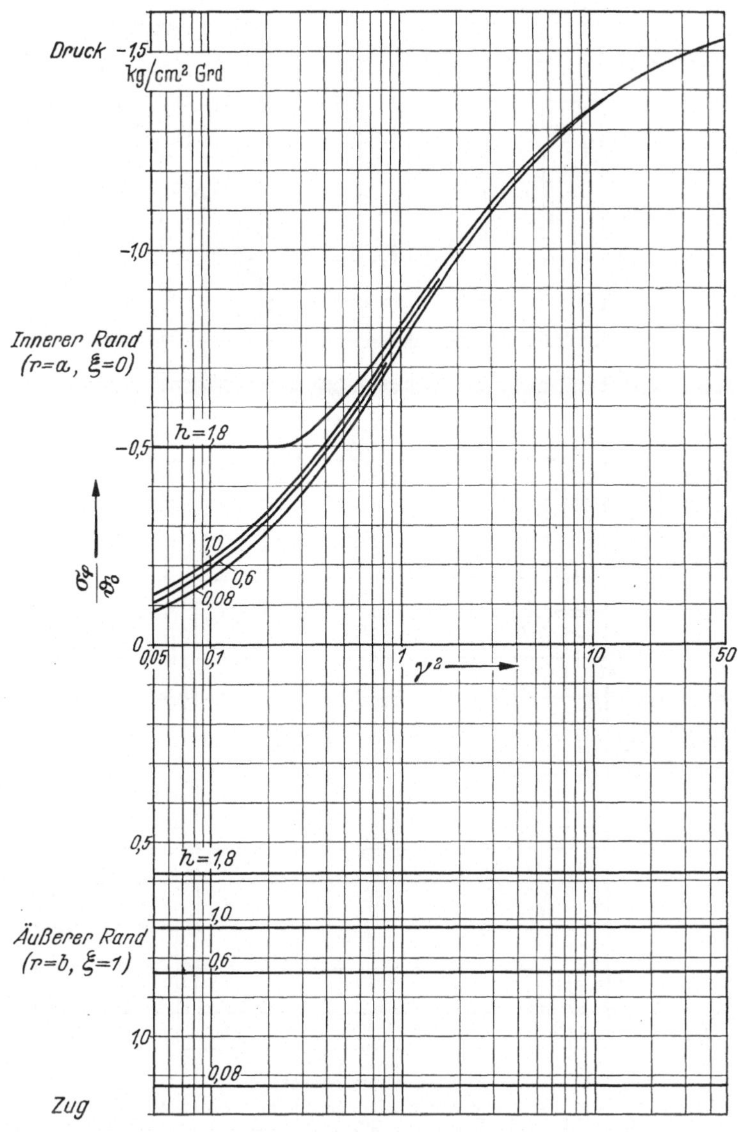

Abb. 24. Mauerzylinder

Zeitliches Maximum der Tangentialspannung in Beziehung zum Anheizfaktor γ^2 mit den Parametern $h = 0{,}08$, 0,6, 1,0, 1,8; $g = 3{,}0$; $c = 0{,}8$ m; $d_{st} = 0{,}05$ m; $d_m' = 0{,}03$ m

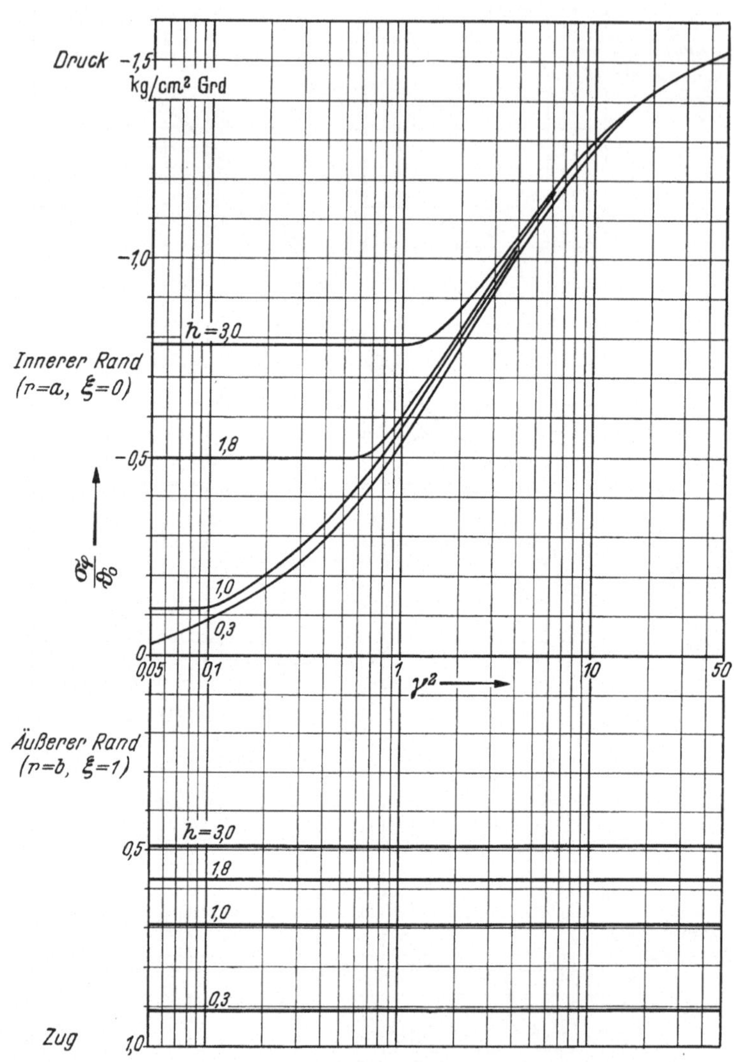

Abb. 25. Mauerzylinder

Zeitliches Maximum der Tangentialspannung in Beziehung zum Anheizfaktor γ^2 mit den Parametern $h = 0,3,\ \ 1,0,\ \ 1,8,\ \ 3,0;\ \ \ g = 1,0;\ \ \ c = 0,8\,\text{m};\ \ \ d_{st} = 0,05\,\text{m};\ \ \ d_m = 0,08\,\text{m}$

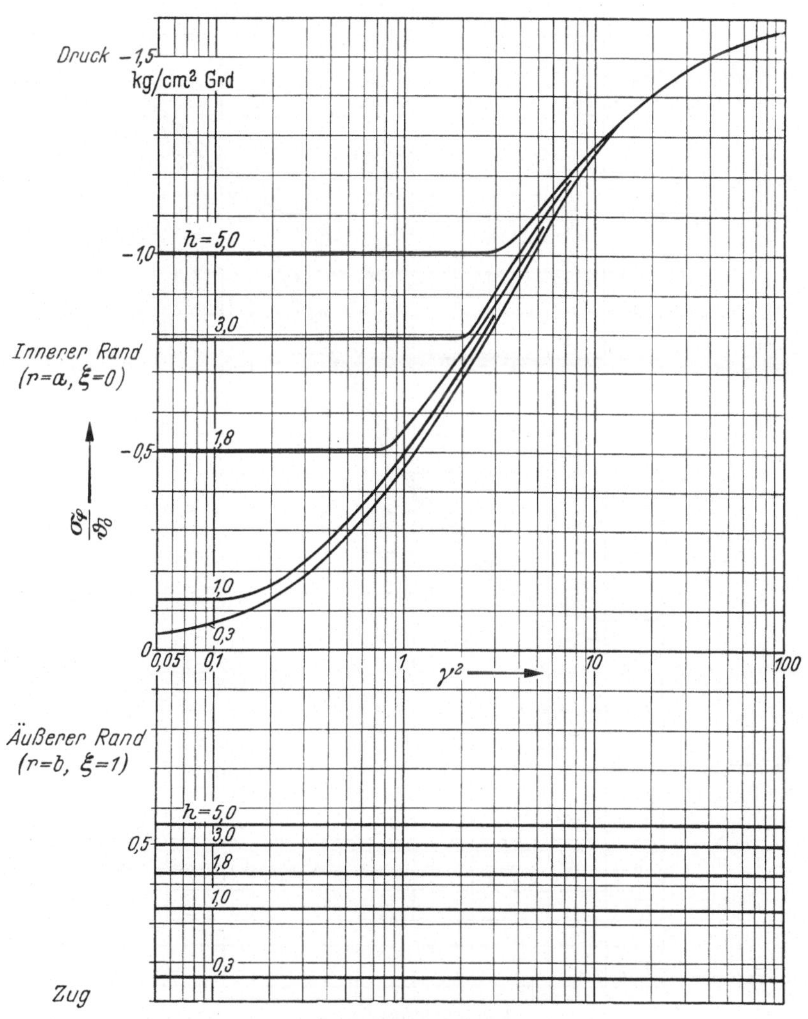

Abb. 26. Mauerzylinder

Zeitliches Maximum der Tangentialspannung in Beziehung zum Anheizfaktor γ^2 mit den Parametern h = 0,3, 1,0, 1,8, 3,0, 5,0; g = 0,6; c = 0,8 m; d_{st} = 0,05 m; d_m = 0,14 m

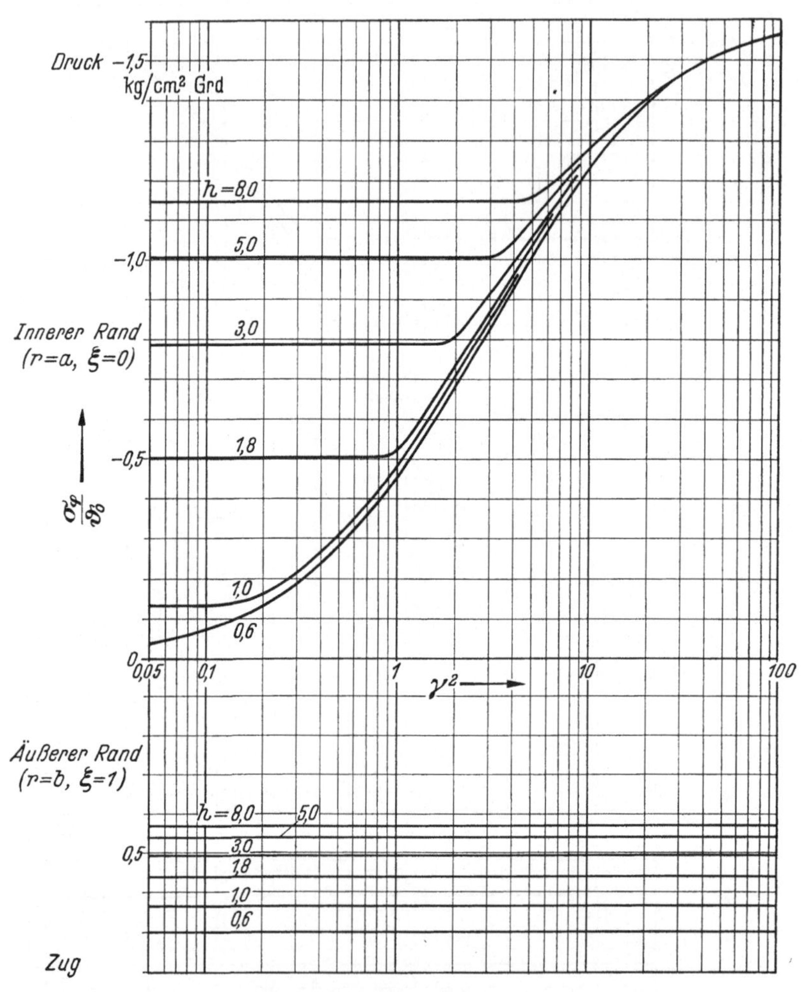

Abb. 27. Mauerzylinder

Zeitliches Maximum der Tangentialspannung in Beziehung zum Anheizfaktor γ^2 mit den Parametern $h = 0,6,\ 1,0,\ 1,8,\ 3,0,\ 5,0,\ 8,0;\quad g = 0,5;\quad c = 0,8\ \text{m};\quad d_{st} = 0,05\ \text{m};\quad d_m = 0,2\ \text{m}$

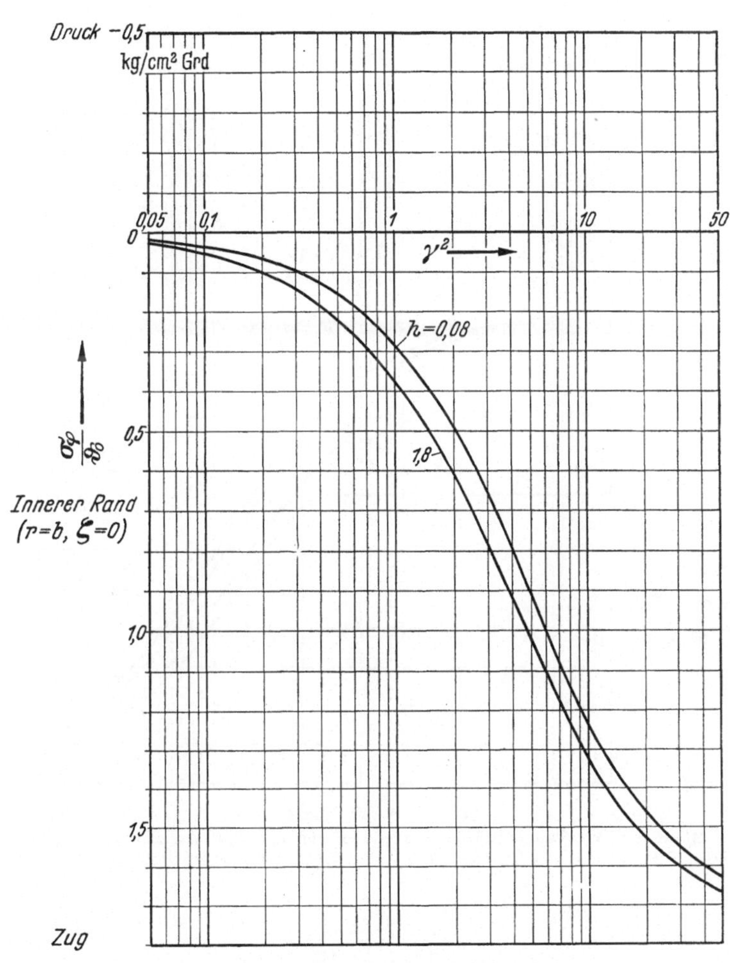

Abb. 28. Stahlzylinder

Zeitliches Maximum der Tangentialspannung in Beziehung zum Anheizfaktor γ^2 mit den Parametern $h = 0,08,\ 1,8;\quad g = 0,2;\quad c = 0,8$ m; $\quad d_{st} = 0,004$ m; $\quad d_m = 0,03$ m

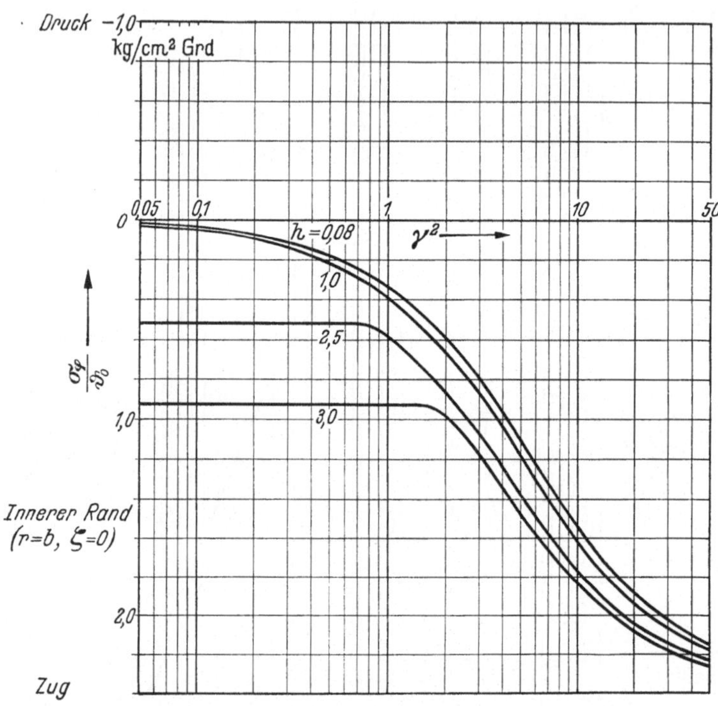

Abb. 29. Stahlzylinder

Zeitliches Maximum der Tangentialspannung in Beziehung zum Anheizfaktor γ^2 mit den Parametern $h = 0,08$, $1,0$, $2,5$, $3,0$; $\quad g = 0,1$; $\quad c = 0,8$ m; $\quad d_{st} = 0,004$ m; $\quad d_m = 0,06$ m

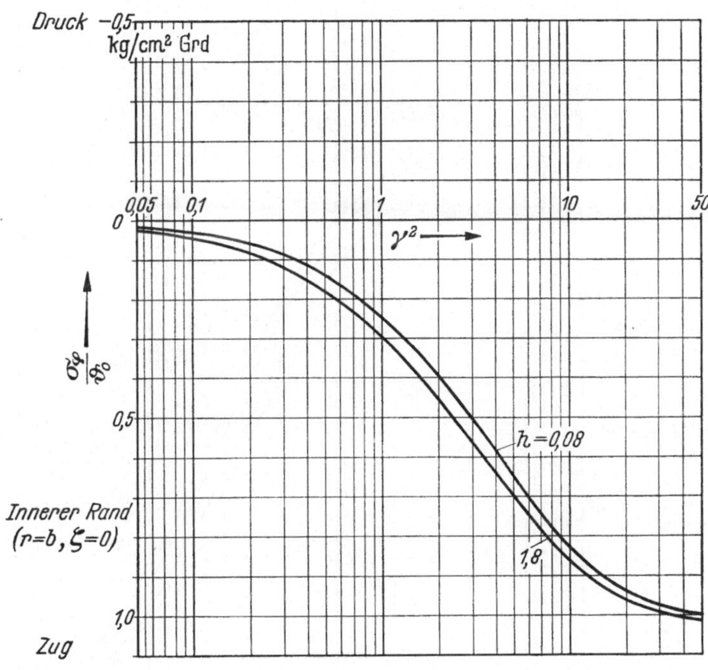

Abb. 30. Stahlzylinder

Zeitliches Maximum der Tangentialspannung in Beziehung zum Anheizfaktor γ^2 mit den Parametern $h = 0,08$, $1,8$; $g = 0,6$; $c = 0,8$ m; $d_{si} = 0,01$ m; $d_m = 0,03$ m

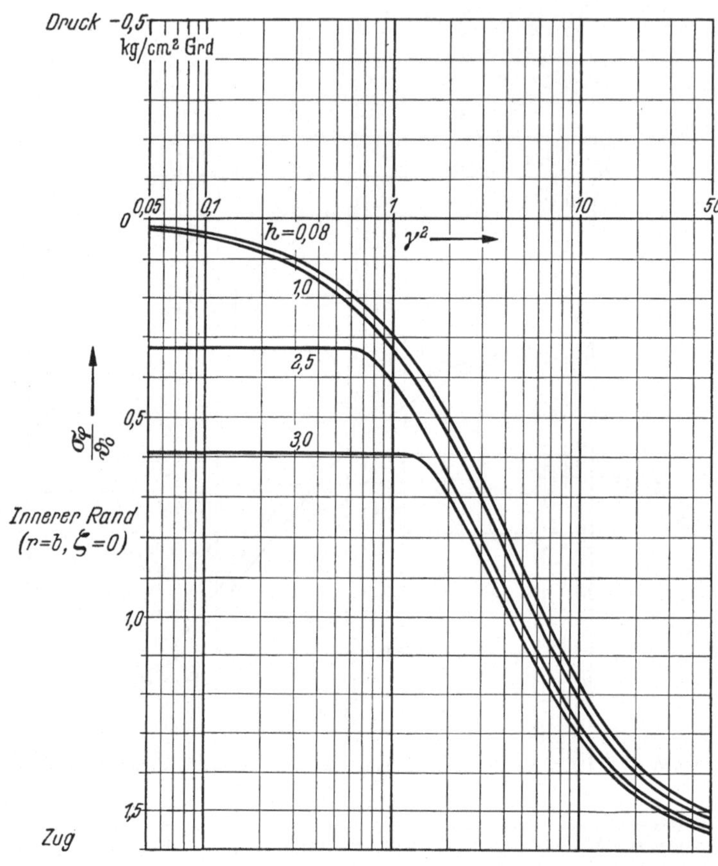

Abb. 31. Stahlzylinder
Zeitliches Maximum der Tangentialspannung in Beziehung zum Anheizfaktor γ^2 mit den Parametern $h = 0{,}08,\ 1{,}0,\ 2{,}5,\ 3{,}0;\quad g = 0{,}3;\quad c = 0{,}8\ \text{m};\quad d_{st} = 0{,}01\ \text{m};\quad d_m = 0{,}06\ \text{m}$

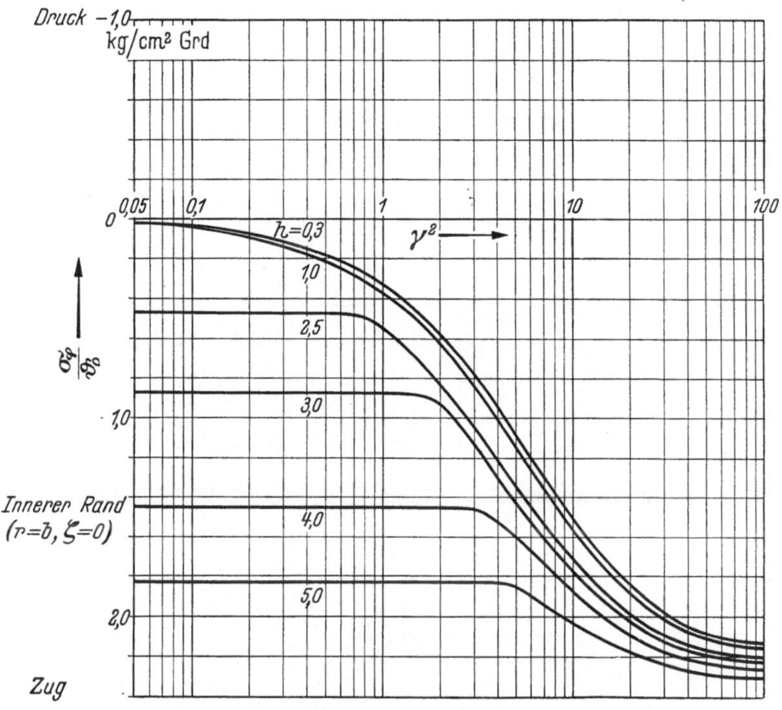

Abb. 32. Stahlzylinder

Zeitliches Maximum der Tangentialspannung in Beziehung zum Anheizfaktor γ^2 mit den Parametern $h = 0,3,\ 1,0,\ 2,5,\ 3,0,\ 4,0,\ 5,0$; $g = 0,1$; $c = 0,8$ m; $d_{st} = 0,01$ m; $d_m = 0,14$ m

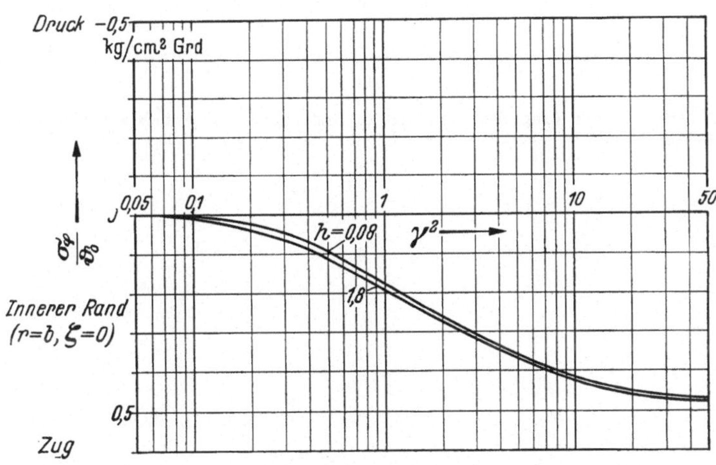

Abb. 33. Stahlzylinder

Zeitliches Maximum der Tangentialspannung in Beziehung zum Anheizfaktor γ^2 mit den Parametern $h = 0,08,\ 1,8$; $g = 1,8$; $c = 0,8$ m; $d_{st} = 0,03$ m; $d_m = 0,03$ m

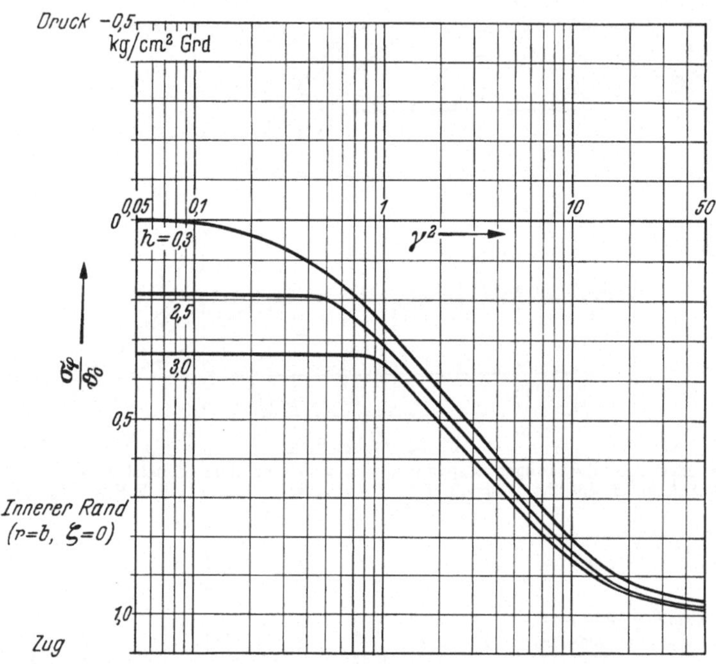

Abb. 34. Stahlzylinder

Zeitliches Maximum der Tangentialspannung in Beziehung zum Anheizfaktor γ^2 mit den Parametern $h = 0{,}3,\ 2{,}5,\ 3{,}0;\quad g = 0{,}7;\quad c = 0{,}8\ \text{m};\quad d_{st} = 0{,}03\ \text{m};\quad d_m{}' = 0{,}08\ \text{m}$

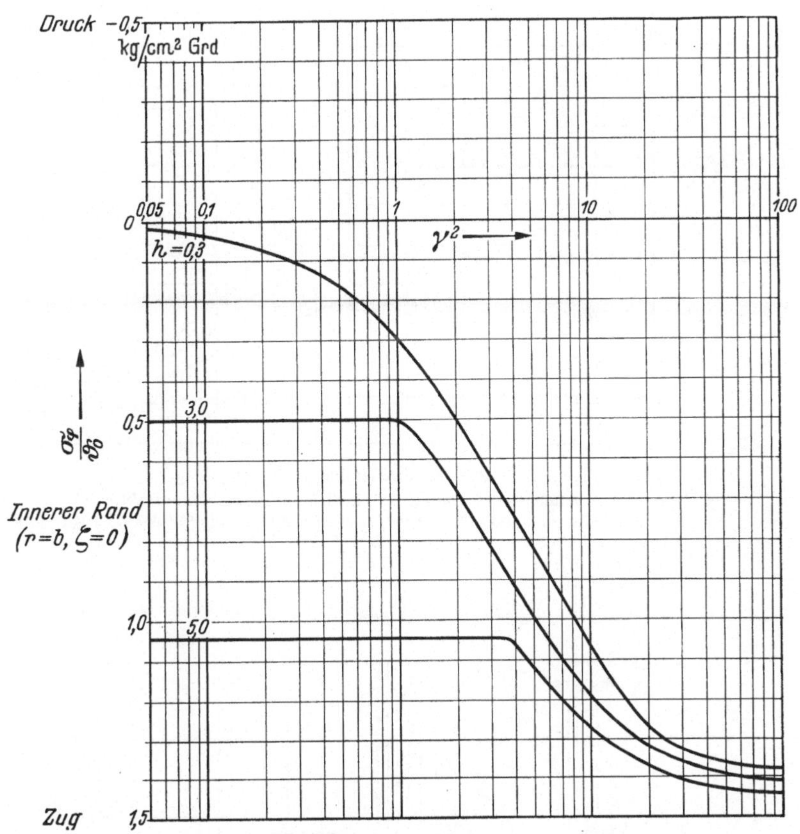

Abb. 35. Stahlzylinder

Zeitliches Maximum der Tangentialspannung in Beziehung zum Anheizfaktor γ^2 mit den Parametern $h = 0{,}3,\ 3{,}0,\ 5{,}0;\quad g = 0{,}4;\quad c = 0{,}8\,\mathrm{m};\quad d_{si} = 0{,}03\,\mathrm{m};\quad d_m = 0{,}14\,\mathrm{m}$

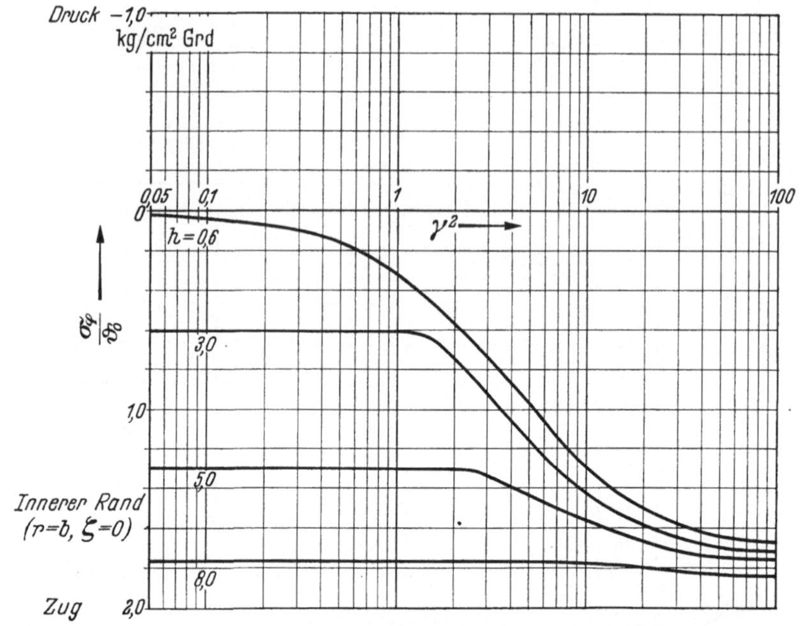

Abb. 36. Stahlzylinder

Zeitliches Maximum der Tangentialspannung in Beziehung zum Anheizfaktor γ^2 mit den Parametern $h = 0,6$, $3,0$, $5,0$, $8,0$; $g = 0,3$; $c = 0,8$ m; $d_{st} = 0,03$ m; $d_m = 0,2$ m

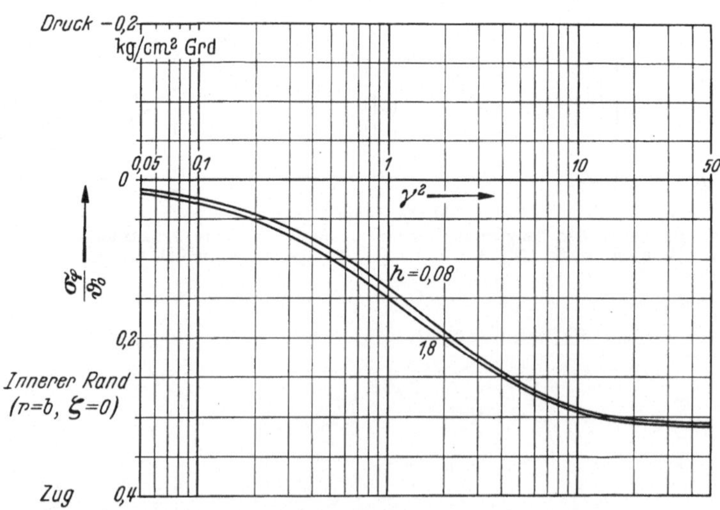

Abb. 37. Stahlzylinder

Zeitliches Maximum der Tangentialspannung in Beziehung zum Anheizfaktor γ^2 mit den Parametern $h = 0,08$, $1,8$; $g = 3,0$; $c = 0,8$ m; $d_{st} = 0,05$ m; $d_m = 0,03$ m

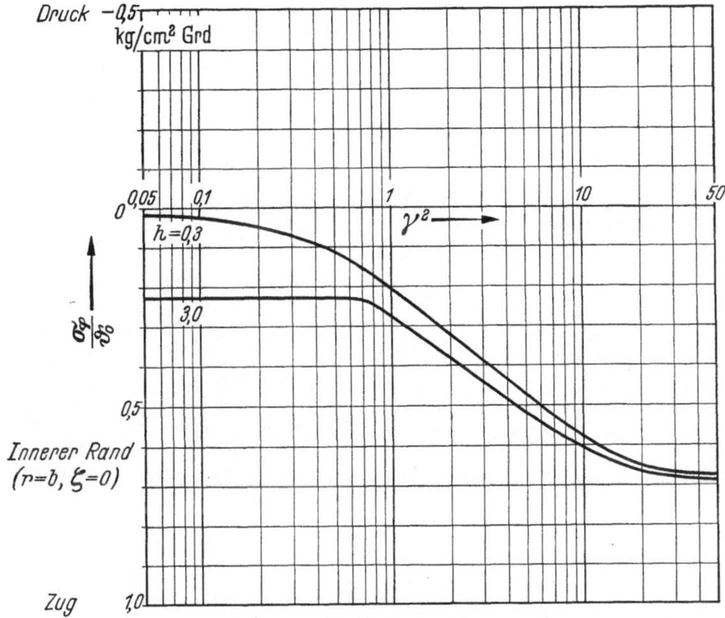

Abb. 38. Stahlzylinder

Zeitliches Maximum der Tangentialspannung in Beziehung zum Anheizfaktor γ^2 mit den Parametern $h = 0,3$, $3,0$; $g = 1,0$; $c = 0,8$ m; $d_{st} = 0,05$ m; $d_m = 0,08$ m

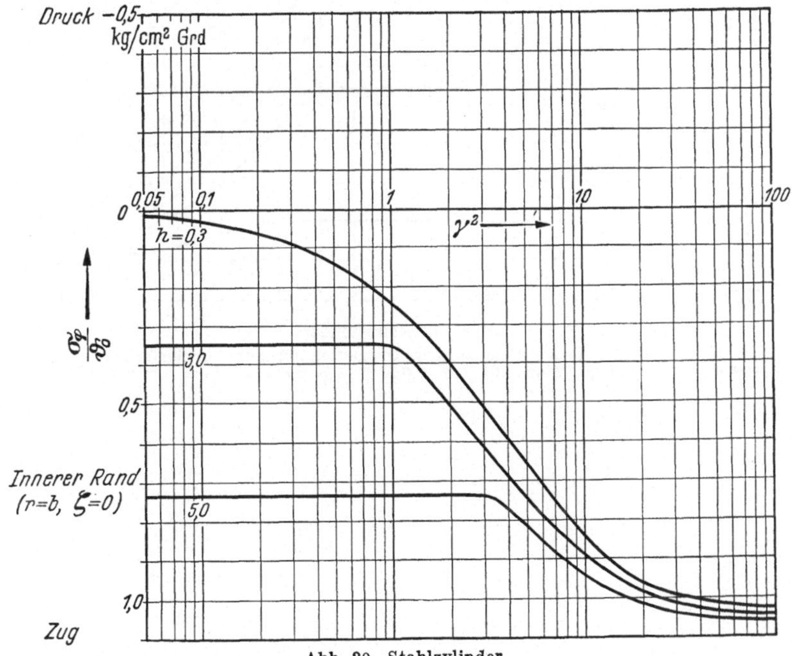

Abb. 39. Stahlzylinder

Zeitliches Maximum der Tangentialspannung in Beziehung zum Anheizfaktor γ^2 mit den Parametern $h = 0,3$, $3,0$, $5,0$; $g = 0,6$; $c = 0,8$ m; $d_{st} = 0,05$ m; $d_m = 0,14$ m

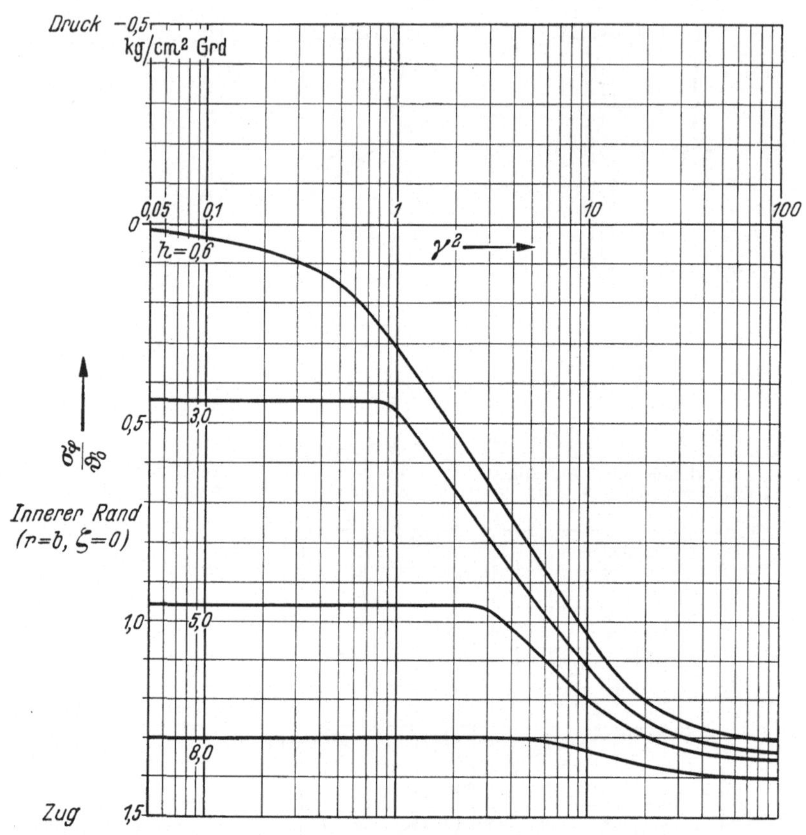

Abb. 40. Stahlzylinder

Zeitliches Maximum der Tangentialspannung in Beziehung zum Anheizfaktor γ^2 mit den Parametern $h = 0,6,\ 3,0,\ 5,0,\ 8,0;\quad g = 0,5;\quad c = 0,8\ \text{m};\quad d_{st} = 0,05\ \text{m};\quad d_m = 0,2\ \text{m}$

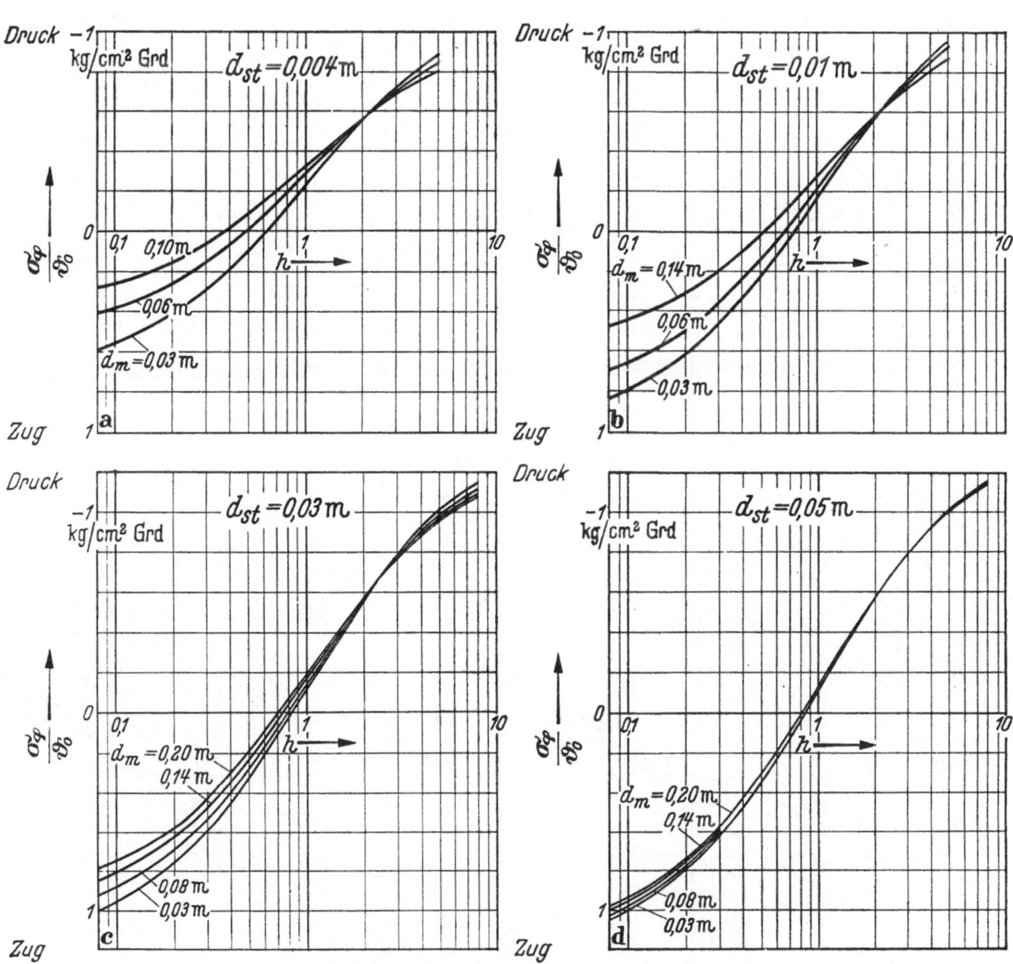

Abb. 41 a—d. Mauerzylinder

Tangentialspannung im Mauerwerk an der Stelle $r = a$, $\xi = 0$ nach Beendigung der Anheizung über h mit Parametern d_m für verschiedene d_{st}. Behälteraußenradius $c = 0,8$ m

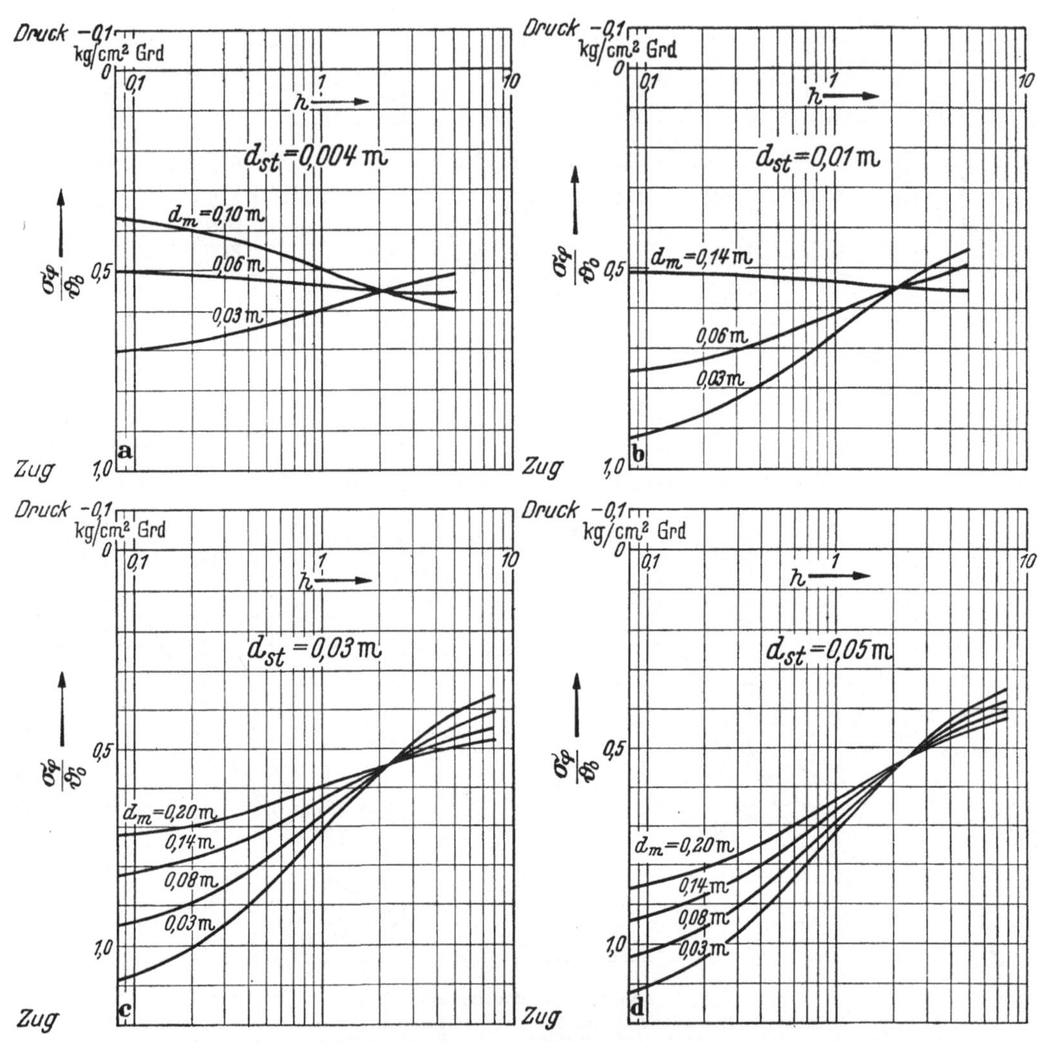

Abb. 42 a—d. Mauerzylinder

Tangentialspannung im Mauerwerk an der Stelle $r = b$, $\xi = 1$ nach Beendigung der Anheizung über h mit Parametern d_m für verschiedene d_{st}. Behälteraußenradius $c = 0,8$ m

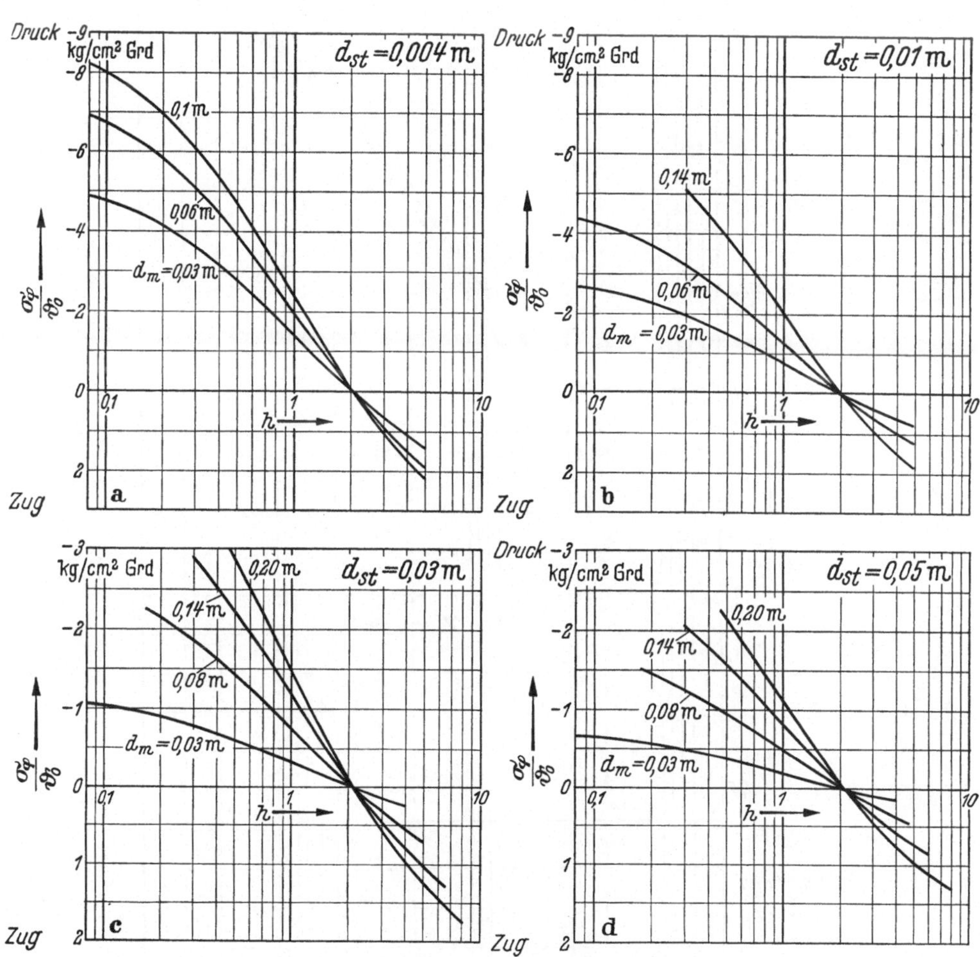

Abb. 43a—d. Stahlzylinder

Tangentialspannung im Stahlmantel an der Stelle $r = b$, $\zeta = 0$ nach Beendigung der Anheizung über h mit Parametern d_m für verschiedene d_{st}; Behälteraußenradius $c = 0,8$ m

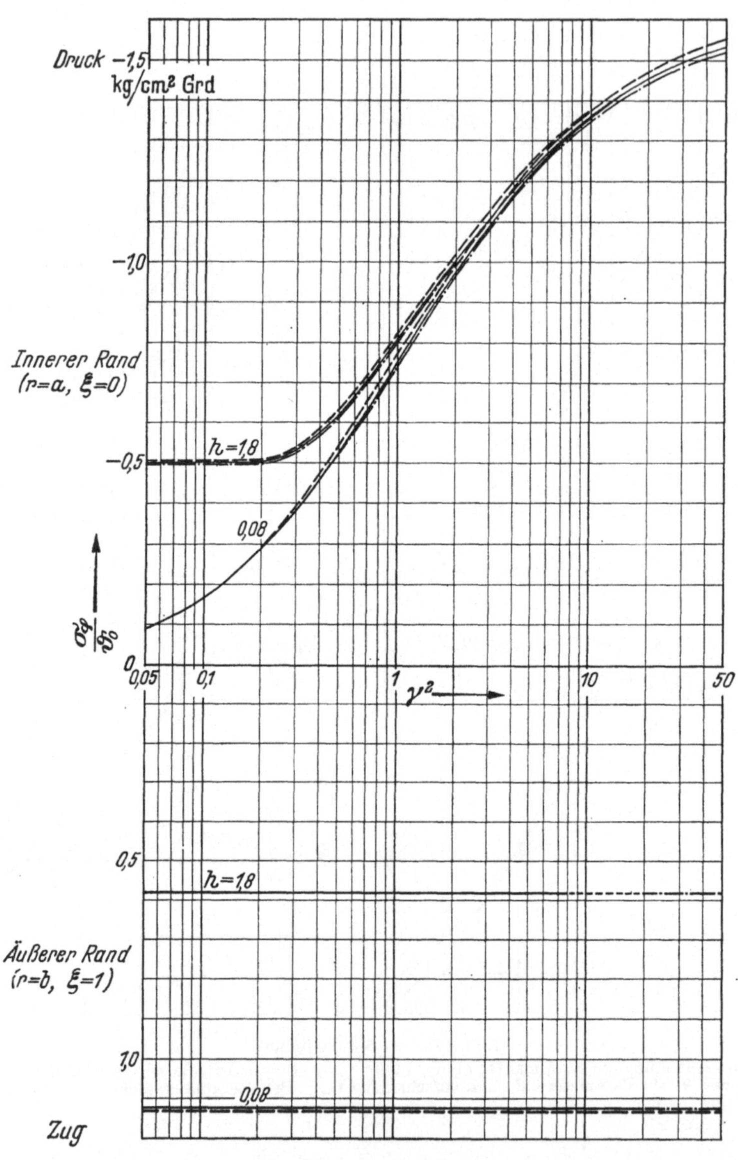

Abb. 44a. Mauerzylinder

Zeitliches Maximum der Tangentialspannung in Beziehung zum Anheizfaktor γ^2 mit den Parametern $h = 0,08,\ 1,8$; $g = 3,0$; $d_{st} = 0,05$ m; $d_m = 0,03$ m; für verschiedene Behälteraußenradien $c = 0,4$ m — — —; $0,8$ m ————; $1,2$ m — · — · —

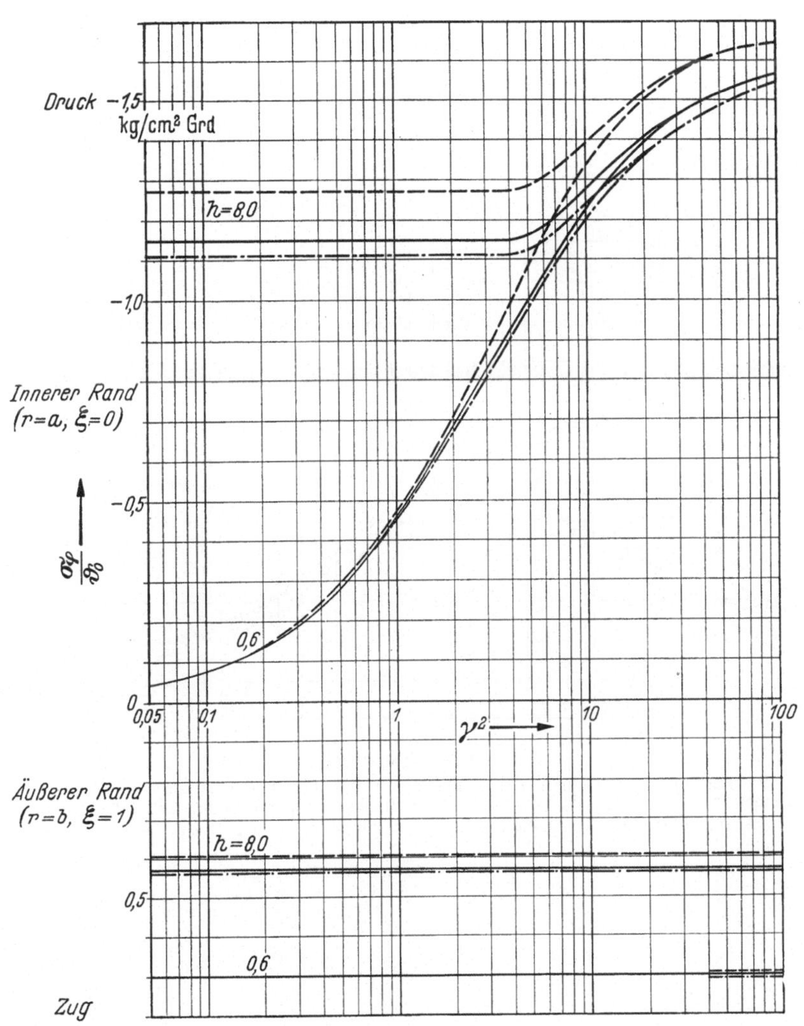

Abb. 44b. Mauerzylinder

Zeitliches Maximum der Tangentialspannung in Beziehung zum Anheizfaktor γ^2 mit den Parametern $h = 0,6,\ 8,0$; $g = 0,5$; $d_{st} = 0,05$ m; $d_m = 0,2$ m; für verschiedene Behälteraußenradien $c = 0,4$ m — — —; 0,8 m ————; 1,2 m —·—·—

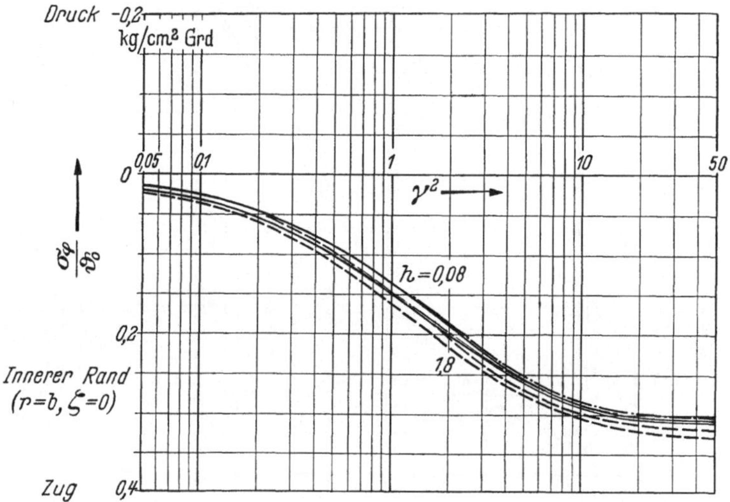

Abb. 45a. Stahlzylinder

Zeitliches Maximum der Tangentialspannung in Beziehung zum Anheizfaktor γ^2 mit den Parametern $h = 0{,}08$, $1{,}8$; $g = 3{,}0$; $d_{st} = 0{,}05$ m; $d_m = 0{,}03$ m; für verschiedene Behälteraußenradien $c = 0{,}4$ m — — —; 0,8 m ————; 1,2 m — · — · —

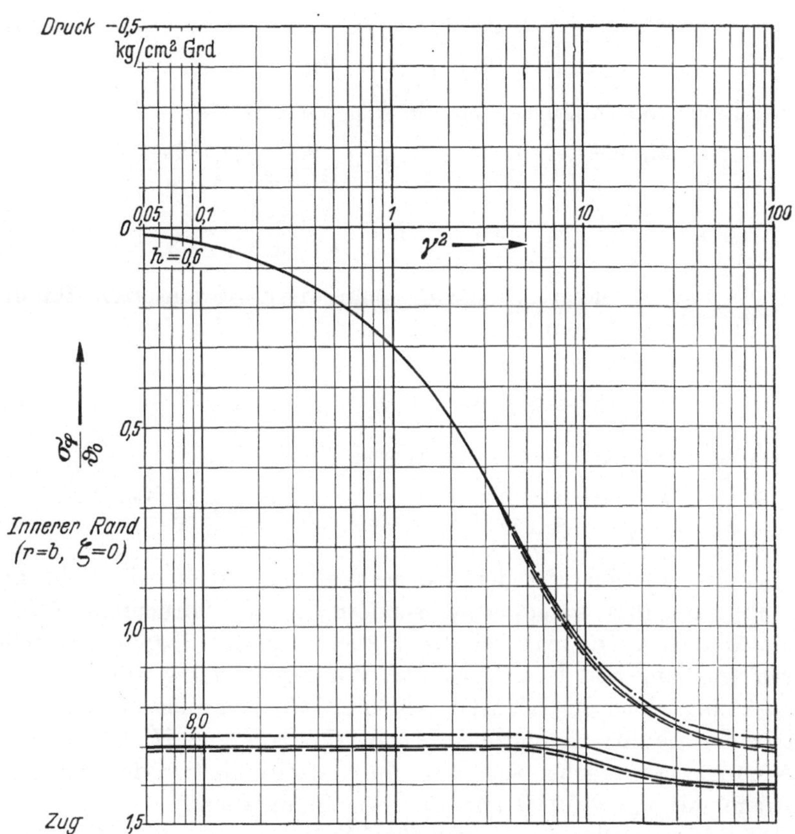

Abb. 45 b. Stahlzylinder

Zeitliches Maximum der Tangentialspannung in Beziehung zum Anheizfaktor γ^2 mit den Parametern $h = 0,6,\ 8,0;\quad g = 0,5;\quad d_{st} = 0,05$ m; $\ d_m = 0,2$ m; für verschiedene Behälteraußenradien $c = 0,4$ m — — —; $\ 0,8$ m ————; $\ 1,2$ m — · — · —

b) Kenngrößen

Setzen wir in Gl. (37b) die Werte $r = a$ und $r = b$ ein, so erhalten wir für die Spannungen im Mauerwerk hervorgerufen durch Quellung und Überdruck die folgenden Ausdrücke:

$$\sigma_\varphi = -Q\,10^5\,A + \sigma_0\,B \quad \text{für} \quad r = a, \tag{41}$$

$$\sigma_\varphi = -Q\,10^5\,C + \sigma_0\,D \quad \text{für} \quad r = b. \tag{42}$$

Dabei haben die Abkürzungen die folgenden Werte:

$$A = \frac{E_m\,10^{-5}}{q}\,2b^2, \qquad B = \frac{2b^2}{b^2 - a^2}\left(1 - \frac{2a^2}{q}\right) - 1,$$

$$C = \frac{E_m\,10^{-5}}{q}\,(b^2 + a^2), \qquad D = \frac{b^2 + a^2}{b^2 - a^2}\left(1 - \frac{2a^2}{q}\right) - 1.$$

Entsprechend liefert Gl. (38b), wenn wir $r = b$ einsetzen, für die Berechnung der Spannung im Stahlmantel durch Quellung und Überdruck die Beziehung:

$$\sigma_\varphi = Q\,10^5\,G + \sigma_0\,H \quad \text{für} \quad r = b. \tag{43}$$

Die Abkürzungen haben die Werte

$$G = \frac{E_m\,10^{-5}}{q}\,\frac{c^2 + b^2}{c^2 - b^2}\,(b^2 - a^2), \qquad H = \frac{c^2 + b^2}{c^2 - b^2}\,\frac{2a^2}{q}.$$

Bei der Tabellierung der Wärmespannung hatten wir nicht die Gl. (32) und (33) ausgewertet, sondern nur die Bruchteile $\sigma_\varphi/\vartheta_0$. Ganz ähnlich gehen wir bei der Berechnung der Spannungsanteile durch Quellung und Überdruck vor. Wir legen für die zahlenmäßige Auswertung nicht die Gl. (41), (42) und (43) zugrunde, sondern die Ausdrücke für die Kenngrößen A, B, C, D, G und H. Die wahren Spannungswerte ergeben sich dann durch Multiplikation der einzelnen Beiträge mit ϑ_0, $\pm 10^5\,Q$ und σ_0 sowie Summation.

Die 6 Kenngrößen finden sich für 8 Stützwerte des Behälteraußenradius c in den Zahlentafeln 18 bis 23 tabelliert vor.

Es zeigt sich, daß die Quellspannungsanteile, d. h. die diesen proportionalen Kenngrößen A, C und G von der Wahl des Behälterradius c nur wenig abhängen. Abb. 46, 47 und 52 enthalten die Kurvendarstellung der Kenngrößen A, C und G. Die Wahl von nur 4 Stützstellen von c ermöglicht bereits eine hinreichend genaue Ablesung für Zwischenwerte.

Die Kenngrößen B, D und H zur Ermittlung der Spannungsanteile durch Überdruck nehmen für verschiedene Behälterradien c recht unterschiedliche Zahlenwerte an. In den zugehörigen kurvenmäßigen Darstellungen der Abb. 48 bis 51 sowie 53 und 54 wurden deshalb alle 8 Stützwerte von c verwendet.

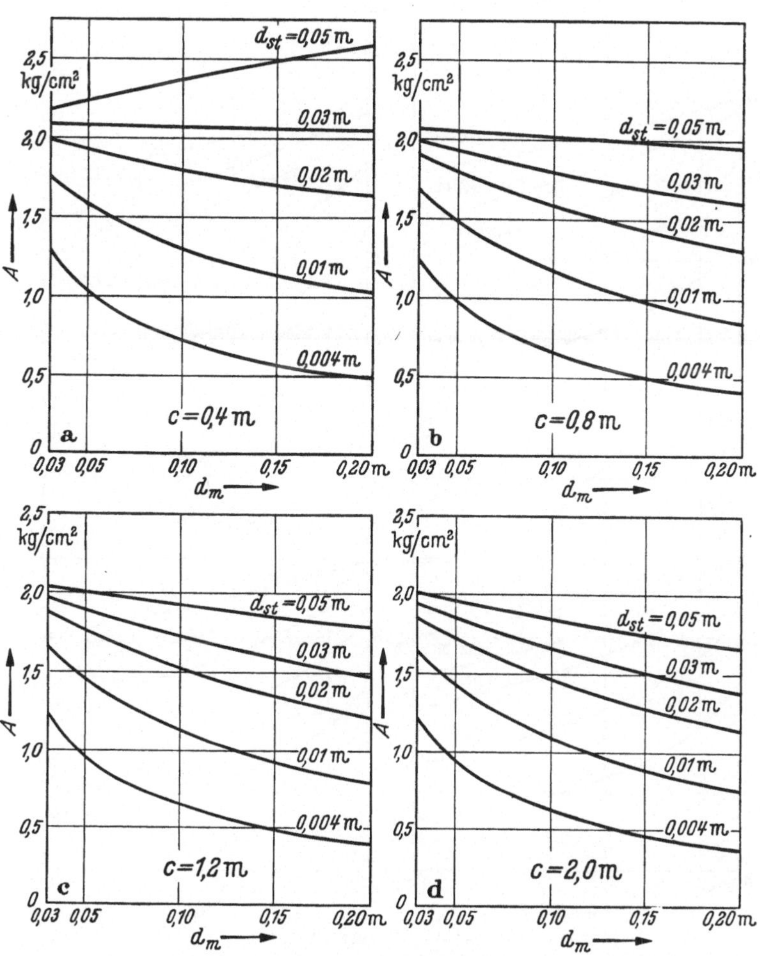

Abb. 46 a—d. Mauerzylinder
Kenngröße A über d_m mit Parameter d_{st} für verschiedene Behälteraußenradien

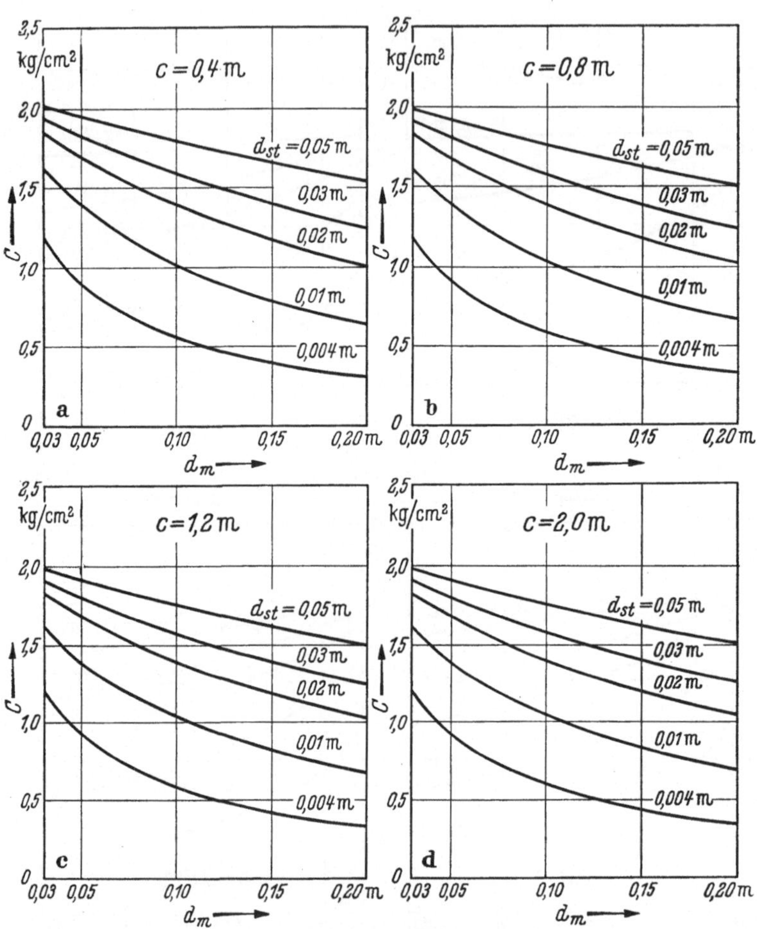

Abb. 47 a—d. Mauerzylinder
Kenngröße C über d_m mit Parameter d_{st} für verschiedene Behälteraußenradien

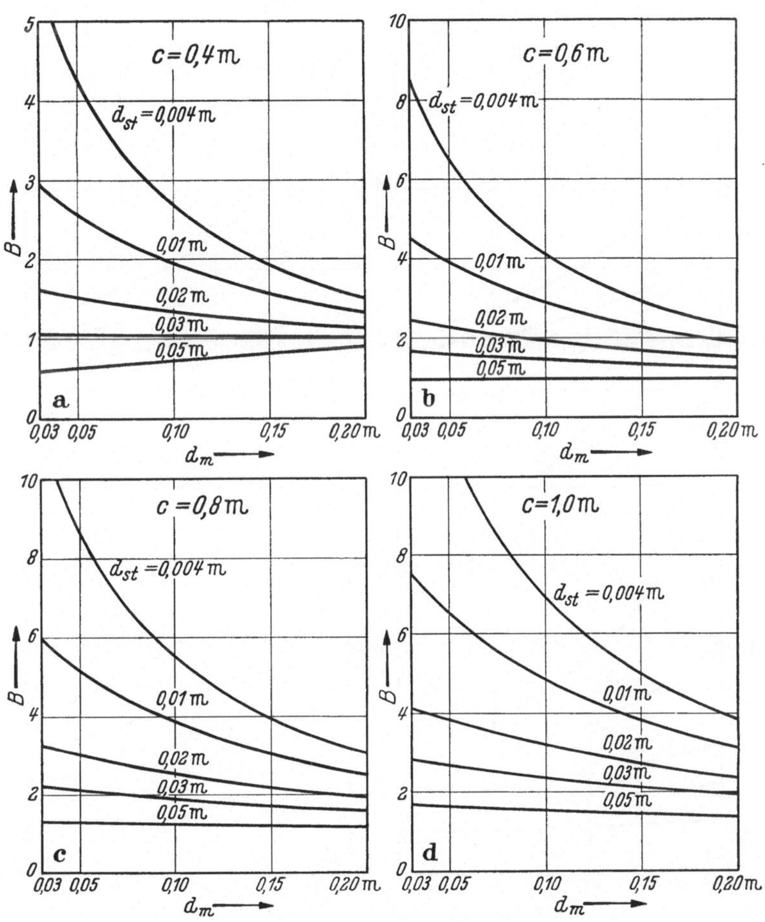

Abb. 48 a—d. Mauerzylinder

Kenngröße B über d_m mit Parameter d_{st} für verschiedene Behälteraußenradien

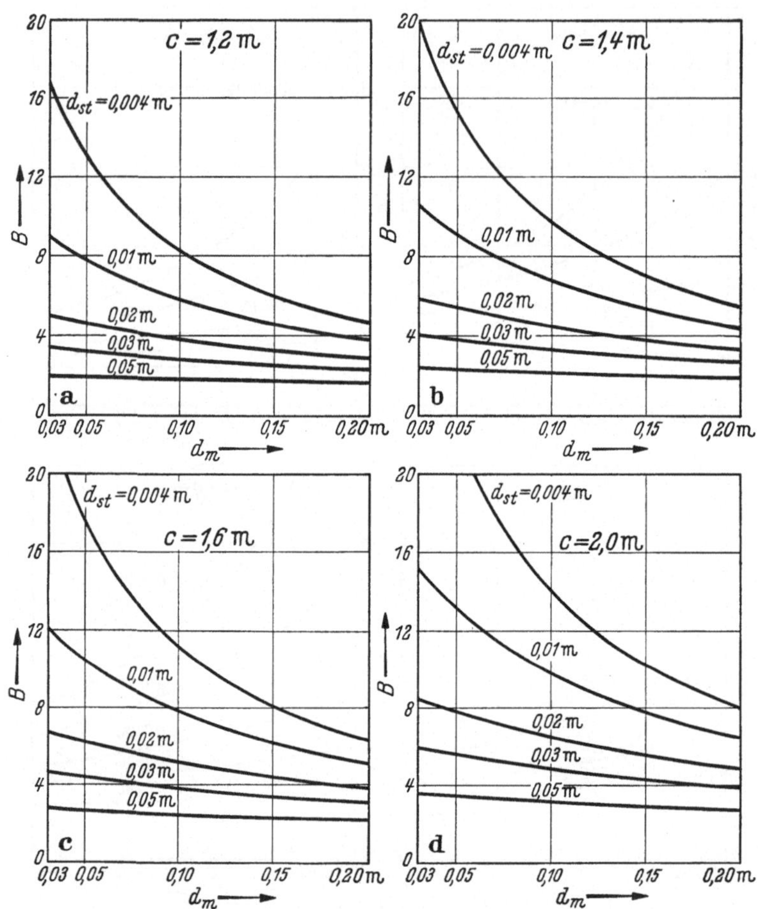

Abb. 49 a—d. Mauerzylinder

Kenngröße B über d_m mit Parameter d_{st} für verschiedene Behälteraußenradien

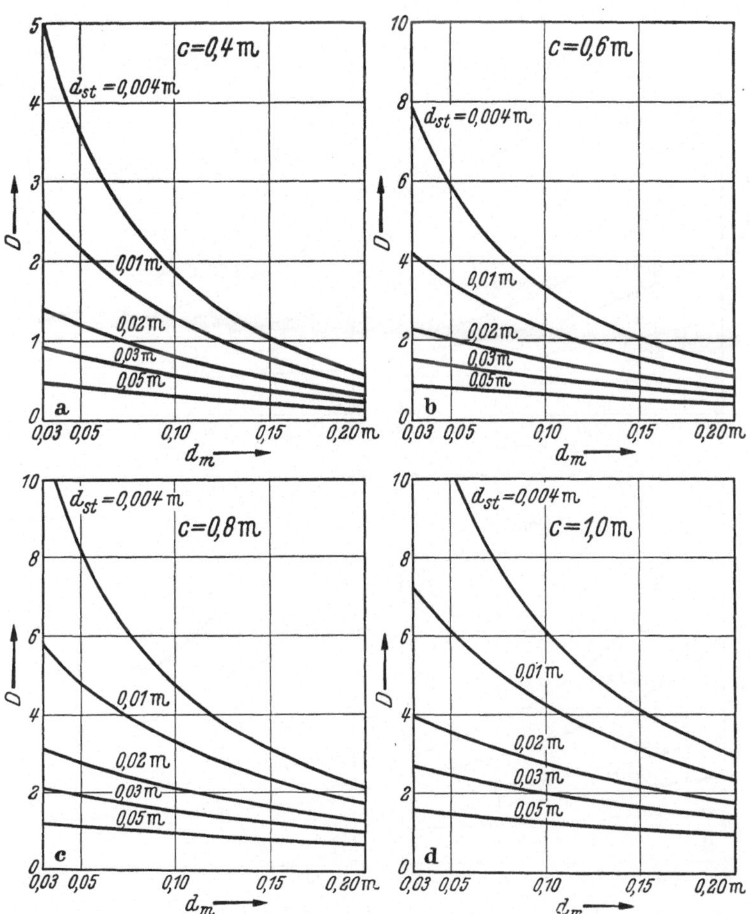

Abb. 50 a—d. Mauerzylinder
Kenngröße D über d_m mit Parameter d_{st} für verschiedene Behälteraußenradien

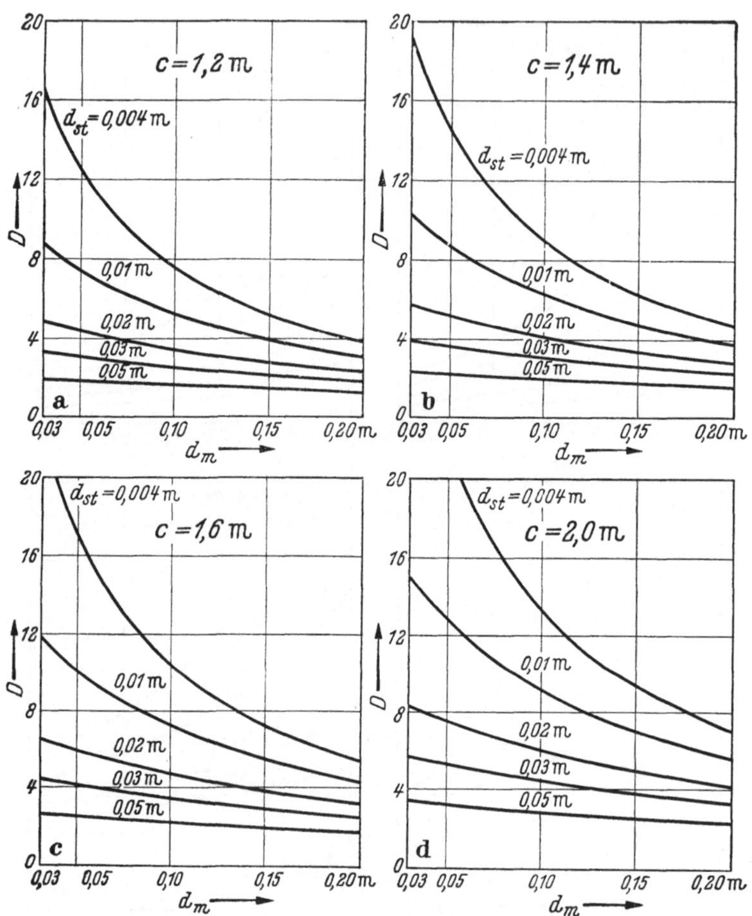

Abb. 51 a—d. Mauerzylinder
Kenngröße D über d_m mit Parameter d_{st} für verschiedene Behälteraußenradien

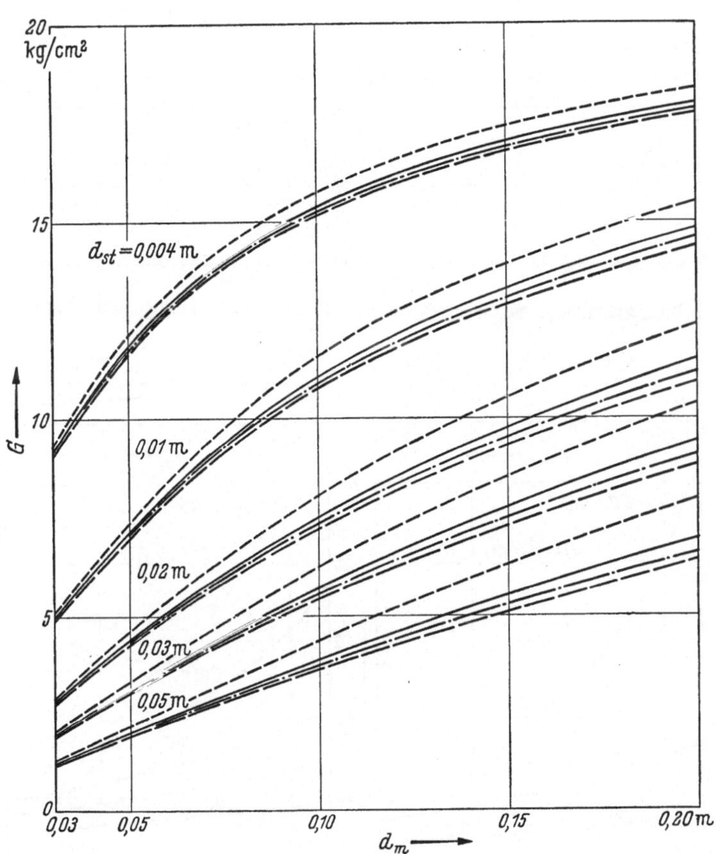

Abb. 52. Stahlzylinder
Kenngröße G über d_m mit Parameter d_{st} für verschiedene Behälteraußenradien
$c = 0,4$ m — — —; 0,8 m ————; 1,2 m —·—·—; 2,0 m —— ——

 Zahlenmäßige Auswertung

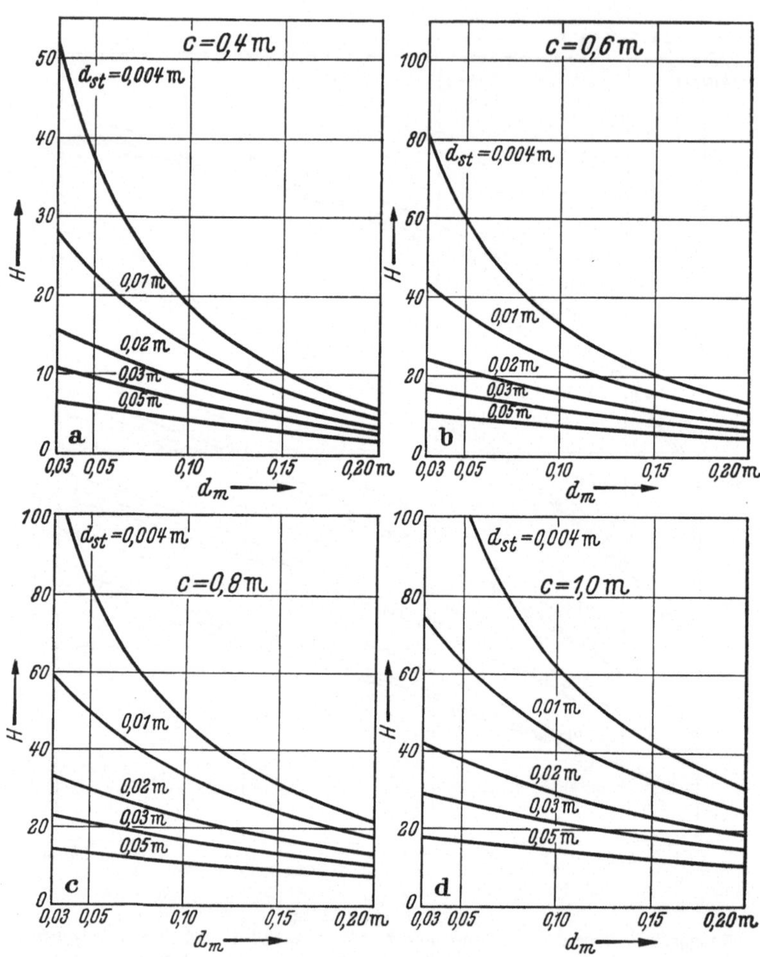

Abb. 53a—d. Stahlzylinder
Kenngröße H über d_m mit Parameter d_{st} für verschiedene Behälteraußenradien

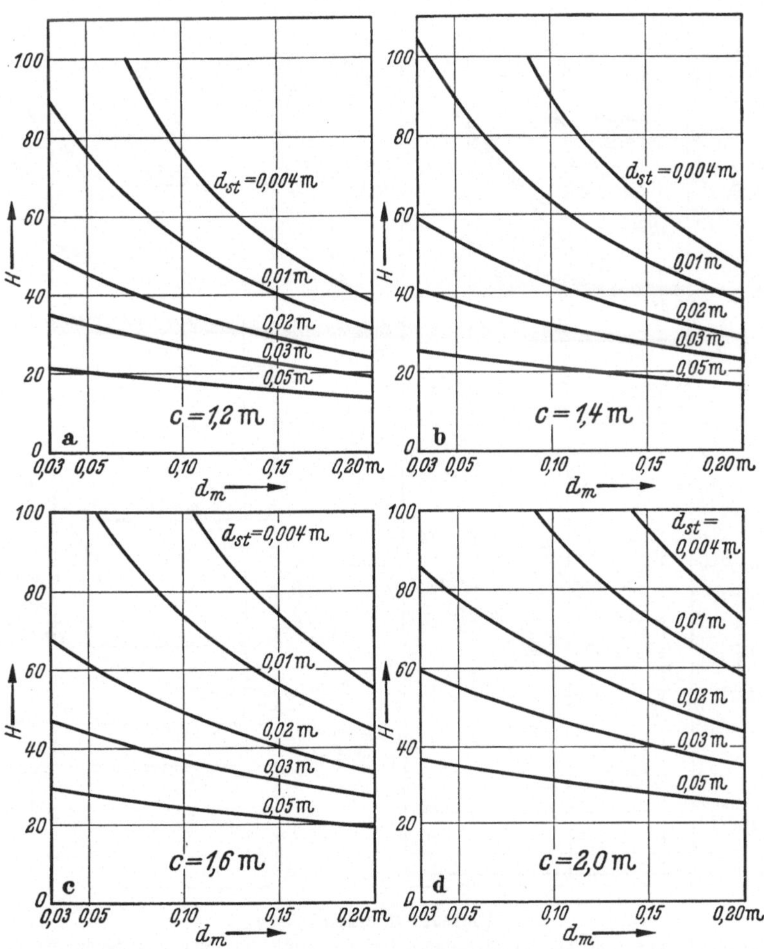

Abb. 54a—d. Stahlzylinder
Kenngröße H über d_m mit Parameter d_{st} für verschiedene Behälteraußenradien

3. Variation der Stoffwerte E_m und α_m

Unseren Berechnungen liegen mittlere Stoffwerte für eine Ausmauerung aus Keramiksteinen mit Säurekitten oder Asplitkitten zugrunde. Um eine grobe Übersicht der Änderungen zu erhalten, die sich

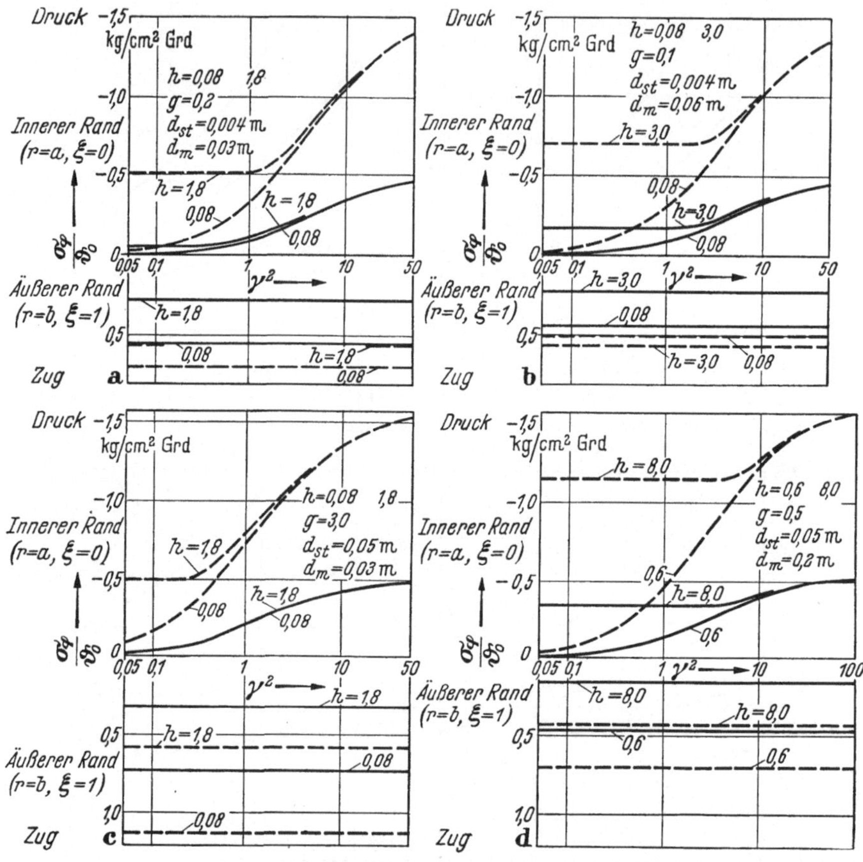

Abb. 55a—d. Mauerzylinder

Zeitliches Maximum der Tangentialspannung im Mauerwerk, für Ausmauerung mit Kohlestoffsteinen $E_m = 1 \cdot 10^5$ kg/cm², $\alpha_m = 0,4 \cdot 10^{-5}$ Grad^{-1} ————; im Vergleich mit den entsprechenden Kurventafeln unserer Tabellierung einer Ausmauerung mit Keramiksteinen $E_m = 2,1 \cdot 10^5$ kg/cm², $\alpha_m = 0,6 \cdot 10^{-5}$ Grad^{-1} — — —; Behälteraußenradius $c = 0,8$ m

für die Wärmespannungen und die Kenngrößen ergeben, wenn die Ausmauerung aus Kohlestoffsteinen mit Säurekitten oder Asplitkitten mit $E_m = 1 \cdot 10^5$ kg/cm² und $\alpha_m = 0,4 \cdot 10^{-5}$ Grad^{-1} besteht, werden Vergleichsrechnungen durchgeführt.

Wir halten dabei den Behälteraußenradius fest auf $c = 0,8$ m und wählen zur Ermittlung der Wärmespannungen die gleichen Kombinationen von d_{st} und d_m wie im Falle der Variation von c. Die Abbildungen 55 und 56 zeigen im Vergleich mit den für Keramiksteinen tabellierten Werten, die gestrichelt eingezeichnet sind das Ergebnis der

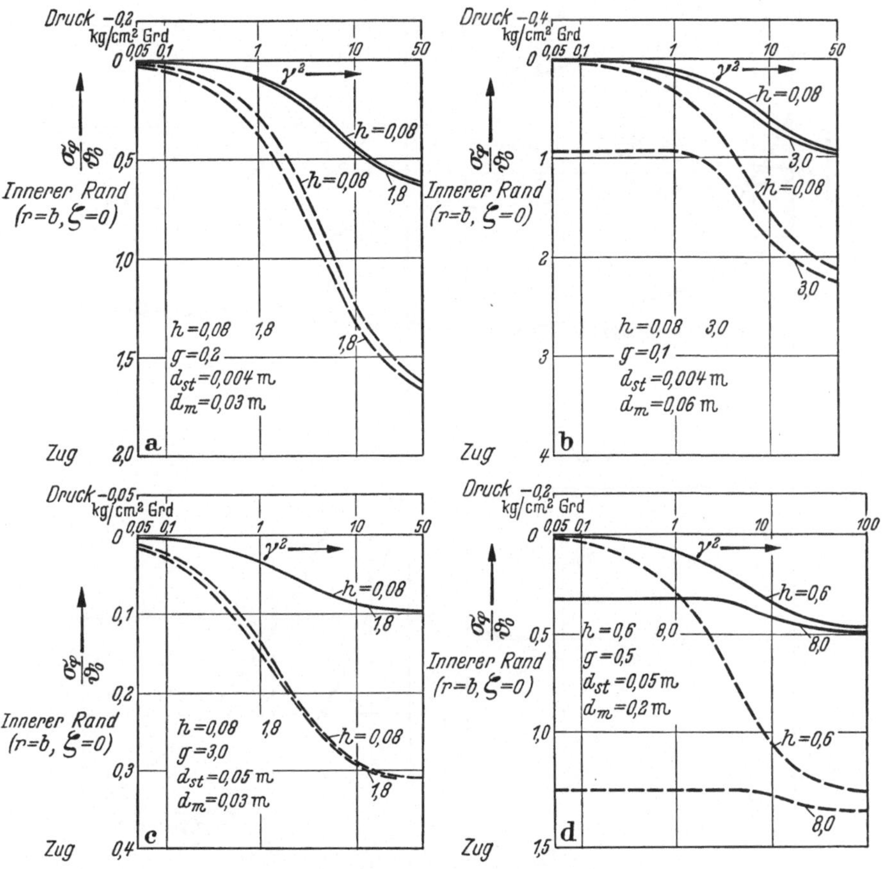

Abb. 56a—d. Stahlzylinder

Zeitliches Maximum der Tangentialspannung im Stahlmantel für Ausmauerung mit Kohlestoffsteinen $E_m = 1 \cdot 10^5$ kg/cm², $\alpha_m = 0,4 \cdot 10^{-5}$ Grad^{-1} ————; im Vergleich mit den entsprechenden Kurventafeln unserer Tabellierung einer Ausmauerung mit Keramiksteinen $E_m = 2,1 \cdot 10^5$ kg/cm², $\alpha_m = 0,6 \cdot 10^{-5}$ Grad^{-1} — — —; Behälteraußenradius $c = 0,8$ m

Rechnung. Ganz ähnlich wurde bei den Kenngrößen verfahren. Abb. 57 zeigt die kurvenmäßige Darstellung der Vergleichsrechnungen.

Die Spannungen nach unseren Tabellen sind durchweg größer als die bei Ausmauerung mit Kohlestoffsteinen auftretenden Spannungen. Wir befinden uns also bei Anwendung unserer Kurventafeln vom Standpunkt des Ingenieurs aus auf der sicheren Seite.

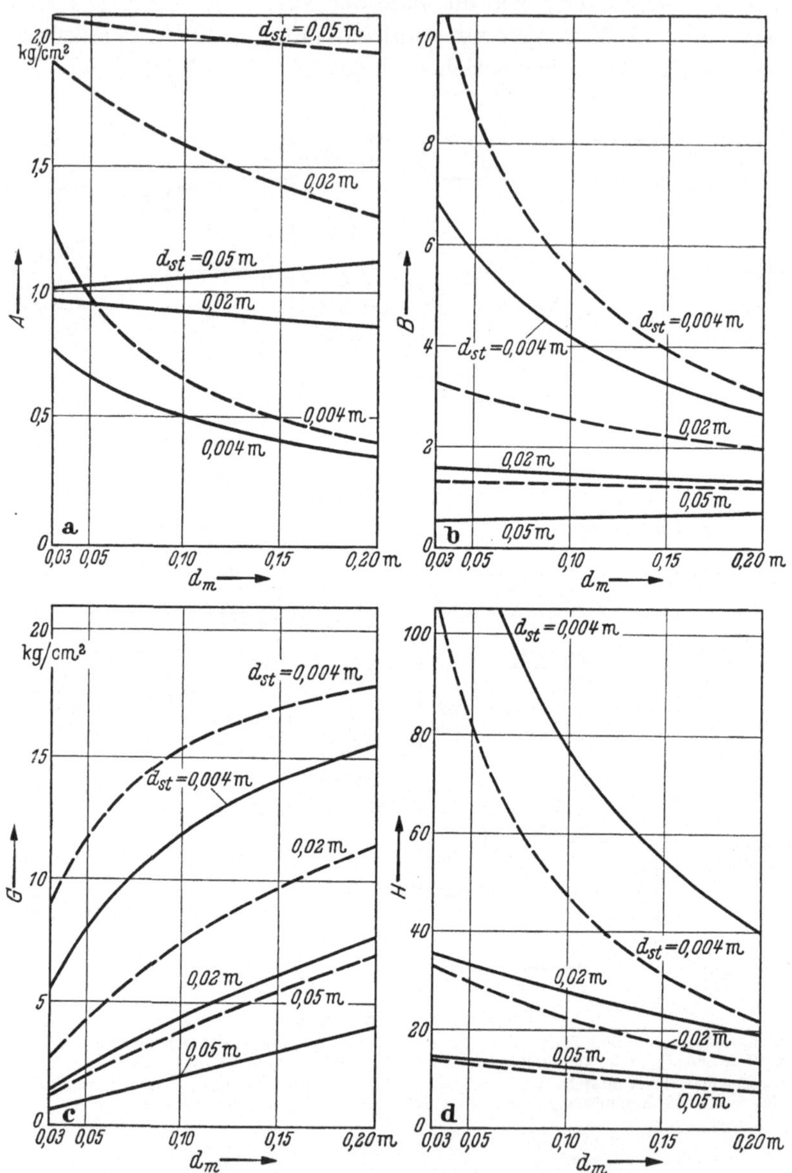

Abb. 57 a—d. Kenngrößen A, B und G, H
für Ausmauerung mit Kohlestoffsteinen $E_m = 1 \cdot 10^5$ kg/cm², $\alpha_m = 0{,}4 \cdot 10^{-5}$ Grad⁻¹ ————;
im Vergleich mit den entsprechenden Kurventafeln unserer Tabellierung einer Ausmauerung
mit Keramiksteinen $E_m = 2{,}1 \cdot 10^5$ kg/cm²; $\alpha_m = 0{,}6 \cdot 10^{-5}$ Grad⁻¹ — — —;
Behälteraußenradius $c = 0{,}8$ m

4. Ablesebeispiel

Den Gebrauch der gewonnenen zahlenmäßigen Unterlagen erläutern wir an Hand eines Beispiels für einen speziellen Behälter. Gegeben sei ein Behälter mit den Abmessungen:

$$c = 1{,}1\,\text{m}, \qquad d_{st} = 0{,}009\,\text{m}, \qquad d_m = 0{,}09\,\text{m}.$$

Die physikalischen Größen für Mauerwerk und Stahl mögen die folgenden Werte haben:

$$c_m = 0{,}2\,\frac{\text{kcal}}{\text{kg Grd}}, \qquad \varrho_m = 2400\,\frac{\text{kg}}{\text{m}^3}, \qquad \lambda_m = 1{,}5\,\frac{\text{kcal}}{\text{m Grd Std}},$$

$$\alpha_m = 0{,}6 \cdot 10^{-5}\,\text{Grad}^{-1}, \qquad E_m = 2{,}1 \cdot 10^5\,\frac{\text{kg}}{\text{cm}^2}, \qquad \mu_m = 0{,}250,$$

$$c_{st} = 0{,}11\,\frac{\text{kcal}}{\text{kg Grd}}, \qquad \varrho_{st} = 7800\,\frac{\text{kg}}{\text{m}^3},$$

$$\alpha_{st} = 1{,}2 \cdot 10^{-5}\,\text{Grad}^{-1}, \qquad E_{st} = 2{,}1 \cdot 10^6\,\frac{\text{kg}}{\text{cm}^2}, \qquad \mu_{st} = 0{,}333.$$

Die Wärmeübergangszahl sei $\alpha = 18\,\dfrac{\text{kcal}}{\text{m}^2\,\text{Grd Std}}$.

Der Flüssigkeitseinsatz des Behälters werde auf 160° C aufgeheizt. Die umgebende Luft habe die Temperatur von 20° C. Demnach wird $\vartheta_0 = 140^\circ$ C.

Die Reaktion verlaufe unter dem Überdruck $\sigma_0 = 2$ atü.

Durch Verwendung quellfähigen Kitts sei im Mauerwerk eine Quellung von $Q = 90 \cdot 10^{-5}$ entstanden.

a) Spannungsanteile infolge Quellung und Überdruck

Durch Interpolation zwischen den Abb. 46b und 46c findet man

$$\begin{aligned}
&\text{für die Kenngröße} && A \approx 1{,}11\ \text{kg/cm}^2,\\
\text{aus 47b und 47c} \quad &\text{für die Kenngröße} && C \approx 1{,}01\ \text{kg/cm}^2,\\
\text{aus 48d und 49a} \quad &\text{für die Kenngröße} && B \approx 6{,}10,\\
\text{aus 50d und 51a} \quad &\text{für die Kenngröße} && D \approx 5{,}55,\\
\text{aus 52} \quad &\text{für die Kenngröße} && G \approx 11{,}1\ \text{kg/cm}^2,\\
\text{aus 53d und 54a} \quad &\text{für die Kenngröße} && H \approx 56.
\end{aligned}$$

Die für uns in Frage kommenden chemischen Reaktionen verlaufen — wenn überhaupt bei geändertem Druck — im allgemeinen bei Überdruck. Deshalb haben wir das Vorzeichen von σ_0 schon bei der formelmäßigen Herleitung in der Randbedingung berücksichtigt. Für den Fall von Überdruck ist also σ_0 als positive Zahl einzusetzen. Mit den Werten für Q und σ_0 und mit den gefundenen Zahlenwerten der Kenngrößen liefern Gl. (41), (42), (43) die Spannungsanteile infolge Quellung und Überdruck. Diese sind für die beiden Ränder des Mauerzylinders

$\sigma_\varphi \approx -88 \, \text{kg/cm}^2$ (Druck) für $r = a$ infolge Quellung und Überdruck,

$\sigma_\varphi \approx -80 \, \text{kg/cm}^2$ (Druck) für $r = b$ infolge Quellung und Überdruck

und für den inneren Rand des Stahlzylinders

$\sigma_\varphi \approx 1111 \, \text{kg/cm}^2$ (Zug) für $r = b$ infolge Quellung und Überdruck.

b) Wärmespannungsanteile

Aus Tab. 1 ersieht man, daß für die Bestimmung der Wärmespannungsanteile drei Fälle heranzuziehen sind. Der Fall des Beispiels liegt nämlich hinsichtlich d_{st} zwischen den Abb. $\frac{16}{29}$ und $\frac{18}{31}$, hinsichtlich d_m zwischen den Abb. $\frac{18}{31}$ und $\frac{19}{32}$. Wir müssen also jeweils zwischen den drei Abb. $\frac{16,\,18,\,19}{29,\,31,\,32}$ interpolieren.

Interpolation. Die Interpolation wird zur bequemen Einsicht ausführlich besprochen. Wir wollen den Größtwert der Wärmespannung für eine Anheizzeit von $T = 0,5$ Std. bestimmen. Unter der Anheizzeit T verstehen wir dabei diejenige Zeit, nach der ϑ_0 bis auf 95 % erreicht ist.

Die Eingangsgrößen für Abb. 16 bis 19 und 29 bis 32 sind der Anheizfaktor γ^2 und der Parameter h. Diese lassen sich aus den Netztafeln der Abb. 58 und 59 (s. Anhang) gewinnen. Im einzelnen ergibt sich folgendes:

Zum Stützstellenpaar

$$d_{st_1} = 0,004 \, \text{m}, \qquad d_{m_1} = 0,06 \, \text{m} \tag{1}$$

werden aus Abb. 58 und 59 ermittelt:

$$h = 0,72, \qquad \gamma^2 = 7,2$$

und damit für das Mauerwerk aus Abb. 16 abgelesen:

$$\frac{\sigma_{\varphi_1}}{\vartheta_0} = -0,92 \, \frac{\text{kg}}{\text{cm}^2\,\text{Grd}} \quad \text{für} \quad r = a,$$

$$\frac{\sigma_{\varphi_1}}{\vartheta_0} = 0,53 \, \frac{\text{kg}}{\text{cm}^2\,\text{Grd}} \quad \text{für} \quad r = b,$$

für den Stahlmantel aus Abb. 29:

$$\frac{\sigma_{\varphi_1}}{\vartheta_0} = 1,40 \, \frac{\text{kg}}{\text{cm}^2\,\text{Grd}} \quad \text{für} \quad r = b.$$

Die Werte zum Stützstellenpaar

$$d_{st_2} = 0,01 \, \text{m}, \qquad d_{m_2} = 0,06 \, \text{m} \tag{2}$$

sind:

$$h = 0{,}72, \qquad \gamma^2 = 7{,}2,$$

für das Mauerwerk nach Abb. 18:

$$\frac{\sigma_{\varphi_2}}{\vartheta_0} = -1{,}02 \frac{\text{kg}}{\text{cm}^2\,\text{Grd}} \quad \text{für} \quad r = a,$$

$$\frac{\sigma_{\varphi_2}}{\vartheta_0} = 0{,}64 \frac{\text{kg}}{\text{cm}^2\,\text{Grd}} \quad \text{für} \quad r = b,$$

für den Stahlmantel aus Abb. 31:

$$\frac{\sigma_{\varphi_2}}{\vartheta_0} = 1{,}04 \frac{\text{kg}}{\text{cm}^2\,\text{Grd}} \quad \text{für} \quad r = b.$$

Zum Stützstellenpaar

$$d_{st_3} = 0{,}01\,\text{m}, \quad d_{m_3} = 0{,}14\,\text{m} \qquad \text{③}$$

gehören die Werte

$$h = 1{,}7, \qquad \gamma^2 = 40,$$

für das Mauerwerk nach Abb. 19:

$$\frac{\sigma_{\varphi_3}}{\vartheta_0} = -1{,}34 \frac{\text{kg}}{\text{cm}^2\,\text{Grd}} \quad \text{für} \quad r = a,$$

$$\frac{\sigma_{\varphi_3}}{\vartheta_0} = 0{,}54 \frac{\text{kg}}{\text{cm}^2\,\text{Grd}} \quad \text{für} \quad r = b,$$

für den Stahlmantel aus Abb. 32:

$$\frac{\sigma_{\varphi_3}}{\vartheta_0} = 2{,}11 \frac{\text{kg}}{\text{cm}^2\,\text{Grd}} \quad \text{für} \quad r = b.$$

Gewünscht wird die Spannung an der Stelle $d_{st} = 0{,}009$ m und $d_m = 0{,}09$ m. Eine Ebene durch die Stützwerte der Spannungen an den Stützstellenpaaren ①, ②, ③ liefert an der gewünschten Stelle den Interpolationswert

$$\sigma = \sigma_2 + \frac{\sigma_1 - \sigma_2}{d_{st_1} - d_{st_2}}(d_{st} - d_{st_2}) + \frac{\sigma_3 - \sigma_2}{d_{m_3} - d_{m_2}}(d_m - d_{m_2}).$$

Zahlenmäßig ergeben sich nach Multiplikation mit ϑ_0 die Wärmespannungen für den Mauerzylinder:

$$\sigma_{\varphi_{\text{Anheiz}}} = -157\,\text{kg/cm}^2\ (\text{Druck}) \quad \text{für} \quad r = a,$$

$$\sigma_{\varphi_{\text{Anheiz}}} = 81\,\text{kg/cm}^2\ (\text{Zug}) \quad \text{für} \quad r = b,$$

für den Stahlmantel:

$$\sigma_{\varphi_{\text{Anheiz}}} = 210\,\text{kg/cm}^2\ (\text{Zug}) \quad \text{für} \quad r = b.$$

c) Wärmespannung nach Beendigung der Anheizung

Für die Wärmespannungen nach Beendigung der Anheizung haben wir Abb. 41, 42 und 43 heranzuziehen. Die Zahlenwerte für das Mauerwerk sind:

$$\sigma_{\varphi_{\text{stationär}}} = - \ 42 \ \text{kg/cm}^2 \ (\text{Druck}) \quad \text{für} \quad r = a,$$

$$\sigma_{\varphi_{\text{stationär}}} = \ 81 \ \text{kg/cm}^2 \ (\text{Zug}) \quad \text{für} \quad r = b,$$

für den Stahlmantel:

$$\sigma_{\varphi_{\text{stationär}}} = - 210 \ \text{kg/cm}^2 \ (\text{Druck}) \quad \text{für} \quad r = b.$$

d) Wärmespannung beim Abkühlvorgang

Mit den gewonnenen Zahlenwerten sind wir nach Gl. (40) imstande, die Spannungsmaxima für den Fall der Abkühlung auszurechnen. Bei einer Abkühlzeit $T = 0{,}5$ Std. erhalten wir für das Mauerwerk:

$$\sigma_{\varphi_{\text{Abkühl}}} = \ 115 \ \text{kg/cm}^2 \ (\text{Zug}) \quad \text{für} \quad r = a,$$

$$\sigma_{\varphi_{\text{Abkühl}}} = \ 0 \ \text{kg/cm}^2 \quad \text{für} \quad r = b,$$

für den Stahlmantel:

$$\sigma_{\varphi_{\text{Abkühl}}} = - 420 \ \text{kg/cm}^2 \ (\text{Druck}) \quad \text{für} \quad r = b.$$

D. h. für den äußeren Rand des Mauerzylinders treten im stationären Zustand die gefährlichsten Spannungen auf.

e) Überlagerung aller Spannungsanteile

Summieren wir alle Spannungsanteile auf, so ergibt sich für die maximalen Spannungsbeträge für eine Anheiz- bzw. Abkühlzeit von $T = 0{,}5$ Std. für das Mauerwerk:

$$\sigma_{\varphi_{\text{Anheiz}}} = - 245 \ \text{kg/cm}^2 \ (\text{Druck}),$$

$$\sigma_{\varphi_{\text{Abkühl}}} = \ 27 \ \text{kg/cm}^2 \ (\text{Zug}) \quad \text{für} \quad r = a,$$

$$\sigma_{\varphi_{\text{Anheiz}}} = \ 1 \ \text{kg/cm}^2 \ (\text{Zug}),$$

$$\sigma_{\varphi_{\text{Abkühl}}} = - \ 80 \ \text{kg/cm}^2 \ (\text{Druck}) \quad \text{für} \quad r = b,$$

für den Stahlmantel:

$$\sigma_{\varphi_{\text{Anheiz}}} = \ 1321 \ \text{kg/cm}^2 \ (\text{Zug}),$$

$$\sigma_{\varphi_{\text{Abkühl}}} = \ 691 \ \text{kg/cm}^2 \ (\text{Zug}) \quad \text{für} \quad r = b.$$

Für die Summe aller Spannungsanteile nach Beendigung der Anheizung oder — was dasselbe ist — vor Beginn der Abkühlung erhalten wir für das Mauerwerk:

$$\sigma_{\varphi_{\text{stationär}}} = -130 \text{ kg/cm}^2 \text{ (Druck)} \quad \text{für} \quad r = a$$

$$\sigma_{\varphi_{\text{stationär}}} = 1 \text{ kg/cm}^2 \text{ (Zug)} \quad \text{für} \quad r = b,$$

für den Stahlmantel:

$$\sigma_{\varphi_{\text{stationär}}} = 901 \text{ kg/cm}^2 \text{ (Zug)} \quad \text{für} \quad r = b.$$

Aus der Überlagerung ersieht man, daß im Falle der Anheizung die inneren Ränder von Mauer- und Stahlzylinder die gefährdeten Stellen sind. Im Falle der Abkühlung muß besonders auf die Spannung am inneren Rande des Mauerzylinders geachtet werden. Bei großer Abkühlgeschwindigkeit kann nämlich an der Stelle $r = a$ die maximale Zugspannung die dort durch Quellung und Überdruck hervorgerufene Druckvorspannung übersteigen, wie dies bei unserem Beispiel mit einer Abkühlzeit von $T = 0{,}5$ Std. zutrifft.

Zur Vermeidung von Schaden müßte man deshalb eine größere Abkühlzeit wählen und geht dabei zweckmäßig folgendermaßen vor. Man führt die Interpolation der Wärmespannungen für verschiedene Anheizzeiten T durch. Die gefundenen Spannungen trägt man über T auf und schließt die Darstellung der maximalen Spannung beim Abkühlvorgang an. Daraufhin läßt sich die Anheizzeit so wählen, daß an den inneren Rändern von Mauer- und Stahlzylinder die für das Material zulässige Druckspannung nicht überschritten wird, und die Abkühlzeit so bemessen, daß am inneren Rand des Mauerzylinders gerade noch keine Zugspannung auftritt.

Die Kurvendarstellungen liefern aber nicht nur diese Ergebnisse. Vielmehr gestattet die Kenntnis der Zahlenwerte darüber hinaus beispielsweise, beim Bau neuer Behälter Mauerstärke, Stahlmanteldicke und Quellung so aufeinander abzustimmen, daß man im Betriebsfalle möglichst weit von der Bruchgrenze des Materials entfernt bleibt.

IV. Anhang

Zahlentafel 1. *Eigenwerte*

$h = 0,08$

	$g = 0,05$	0,08	0,1	0,2	0,3	0,6	0,9	1,5	3,6
k_1	1,545	1,504	1,477	1,361	1,265	1,060	0,928	0,765	0,523
k_2	4,508	4,391	4,320	4,044	3,863	3,581	3,455	3,340	3,227
k_3	7,504	7,332	7,235	6,913	6,745	6,534	6,454	6,387	6,327
k_4	10,517	10,310	10,204	9,894	9,755	9,597	9,541	9,495	9,454
k_5	13,546	13,323	13,216	12,936	12,821	12,697	12,654	12,619	12,588

$h = 0,3$

	$g = 0,05$	0,08	0,1	0,2	0,3	0,6	0,9	1,5	3,6
k_1	1,667	1,625	1,599	1,478	1,378	1,159	1,016	0,838	0,574
k_2	4,552	4,433	4,360	4,075	3,885	3,591	3,461	3,342	3,228
k_3	7,529	7,353	7,254	6,924	6,751	6,536	6,455	6,388	6,327
k_4	10,533	10,323	10,214	9,899	9,757	9,598	9,541	9,495	9,454
k_5	13,557	13,330	13,222	12 938	12,822	12,697	12,654	12,619	12,588

$h = 0,6$

	$g = 0,05$	0,08	0,1	0,2	0,3	0,6	0,9	1,5	3,6
k_1	1,808	1,767	1,740	1,618	1,513	1,280	1,124	0,929	0,637
k_2	4,612	4,491	4,416	4,117	3,916	3,606	3,469	3,345	3,229
k_3	7,564	7,383	7,281	6,938	6,759	6,539	6,456	6,388	6,327
k_4	10,556	10,340	10,228	9,905	9,760	9,599	9,542	9,495	9,454
k_5	13,572	13,341	13,230	12,941	12,824	12,698	12,654	12,619	12,589

$h = 1,0$

	$g = 0,05$	0,08	0,1	0,2	0,3	0,6	0,9	1,5	3,6
k_1	1,961	1,922	1,896	1,776	1,669	1,422	1,253	1,037	0,712
k_2	4,691	4,567	4,490	4,175	3,960	3,626	3,480	3,350	3,230
k_3	7,610	7,424	7,317	6,959	6,771	6,542	6,458	6,389	6,327
k_4	10,585	10,363	10,248	9,913	9,765	9,600	9,542	9,495	9,454
k_5	13,592	13,355	13,242	12,945	12,826	12,698	12,655	12,619	12,589

Zahlentafel 2. *Eigenwerte*

$h = 1,8$

	$g=0,05$	0,08	0,1	0,2	0,3	0,6	0,9	1,5	3,6
k_1	2,190	2,156	2,133	2,023	1,919	1,660	1,471	1,223	0,842
k_2	4,841	4,716	4,637	4,297	4,055	3,670	3,504	3,360	3,232
k_3	7,704	7,508	7,394	7,002	6,796	6,550	6,462	6,390	6,328
k_4	10,647	10,412	10,289	9,931	9,774	9,602	9,543	9,496	9,454
k_5	13,635	13,385	13,265	12,954	12,830	12,699	12,655	12,620	12,589

$h = 3,0$

	$g=0,05$	0,08	0,1	0,2	0,3	0,6	0,9	1,5	3,6
k_1	2,414	2,388	2,370	2,281	2,190	1,938	1,736	1,454	1,005
k_2	5,043	4,924	4,846	4,487	4,210	3,746	3,545	3,377	3,235
k_3	7,844	7,639	7,515	7,073	6,838	6,563	6,468	6,392	6,328
k_4	10,743	10,490	10,355	9,959	9,788	9,606	9,545	9,496	9,454
k_5	13,701	13,432	13,302	12,967	12,836	12,701	12,656	12,620	12,589

$h = 5,0$

	$g=0,05$	0,08	0,1	0,2	0,3	0,6	0,9	1,5	3,6
k_1	2,628	2,611	2,600	2,541	2,477	2,270	2,072	1,762	1,229
k_2	5,307	5,210	5,142	4,796	4,486	3,899	3,629	3,409	3,240
k_3	8,067	7,861	7,729	7,211	6,920	6,587	6,478	6,396	6,329
k_4	10,909	10,632	10,477	10,012	9,815	9,613	9,548	9,498	9,455
k_5	13,819	13,519	13,371	12,991	12,847	12,704	12,657	12,620	12,589

$h = 8,0$

	$g=0,05$	0,08	0,1	0,2	0,3	0,6	0,9	1,5	3,6
k_1	2,790	2,781	2,775	2,742	2,705	2,573	2,418	2,116	1,501
k_2	5,571	5,504	5,456	5,182	4,884	4,178	3,795	3,473	3,250
k_3	8,350	8,169	8,042	7,457	7,073	6,630	6,497	6,402	6,330
k_4	11,154	10,864	10,686	10,107	9,861	9,624	9,553	9,499	9,455
k_5	14,009	13,667	13,490	13,032	12,866	12,708	12,659	12,621	12,589

Zahlentafel 3. *Mauerzylinder. Maxima der Tangentialspannung*

	ξ	h	$\gamma^2=0,05$	0,1	0,3	0,8	2	4	5	15	16	48	50
$g=0,2$	0	0,08	—0,0244	—0,0475	—0,131	—0,291		—0,766		—1,174			—1,400
	1		0,699	0,699	0,699	0,699		0,699		0,699			0,699
	0	0,6	—0,0334	—0,108	—0,151	—0,317		—0,779					
	1		0,627	0,627	0,627	0,627		0,627		0,627			0,627
$c=0,8$ m	0	1,0	—0,235	—0,235	—0,235	—0,344	—0,575	—0,786					
	1		0,598	0,598	0,598	0,598	0,598	0,598		0,598			0,598
$d_{st}=0,004$ m	0	1,8	—0,515	—0,515		—0,515	—0,616		—0,878	—1,183		—1,395	
$d_m=0,03$ m	1		0,564	0,564		0,564	0,564		0,564	0,564		0,564	
$g=0,1$	0	0,08	—0,0224	—0,0439	—0,120	—0,267		—0,713			—1,133		—1,354
	1		0,502	0,502	0,502	0,502		0,502			0,502		0,502
	0	0,6	—0,0841	—0,0841	—0,144	—0,296		—0,727					
	1		0,529	0,529		0,529		0,529					0,529
$c=0,8$ m	0	1,0	—0,290	—0,290		—0,326		—0,737					
	1		0,540	0,540		0,540		0,540					0,540
$d_{st}=0,004$ m	0	1,8	—0,526	—0,526		—0,526	—0,586	—0,761					
	1		0,553	0,553		0,553	0,553	0,553					0,553
$d_m=0,06$ m	0	3,0	—0,702	—0,702		—0,702	—0,702	—0,795			—1,142		—1,356
	1		0,562	0,562		0,562	0,562	0,562			0,562		0,562

Zahlentafel 4. *Mauerzylinder. Maxima der Tangentialspannung*

	ξ	h	$\gamma^2 = 0{,}05$	0,1	0,2	0,4	0,8	1,6	2	4	16	50
$g = 0{,}6$	0	0,08	−0,0297	−0,0667		−0,226	−0,381			−0,899	−1,295	−1,465
	1		0,924	0,924			0,924			0,924	0,924	0,924
	0	0,6	−0,0410	−0,0756		−0,249	−0,403			−0,909		
	1		0,738	0,738			0,738			0,738		0,738
$c = 0{,}8$ m	0	1,0	−0,169	−0,169		−0,274	−0,425			−0,916		
	1		0,661	0,661			0,661			0,661		0,661
$d_{st} = 0{,}01$ m	0	1,8	−0,506	−0,506			−0,506	−0,662		−0,934	−1,299	−1,467
$d_m = 0{,}03$ m	1		0,573	0,573			0,573			0,573	0,573	0,573
$g = 0{,}3$	0	0,08	−0,0270	−0,0533	−0,100		−0,316			−0,809	−1,231	−1,414
	1		0,758	0,758			0,758			0,758	0,758	0,758
	0	1,0	−0,162	−0,162		−0,237	−0,365			−0,831		
	1		0,613	0,613			0,613			0,613		0,613
$c = 0{,}8$ m	0	1,8	−0,508	−0,508			−0,508		−0,644	−0,843		
	1		0,570	0,570			0,570			0,570		0,570
$d_{st} = 0{,}01$ m	0	3,0	−0,740	−0,740			−0,740		−0,741	−0,882	−1,239	−1,418
$d_m = 0{,}06$ m	1		0,531	0,531			0,531			0,531		0,531

Zahlentafel 5. *Mauerzylinder. Maxima der Tangentialspannung*

	ξ	h	$\gamma^2 = 0,05$	0,1	0,3	0,8	1,4	2	4	6	16	50	100
$g = 0,1$	0	0,3	— 0,0244	— 0,0475	— 0,128	— 0,281			— 0,732		— 1,158	— 1,378	— 1,457
	1		0,520	0,520		0,520			0,520		0,520	0,520	0,520
	0	1,0	— 0,330	— 0,330		— 0,340	— 0,453		— 0,752				
	1		0,537	0,537		0,537			0,537			0,537	0,537
$c = 0,8$ m	0	1,8	— 0,530	—0,530		— 0,530		— 0,605	— 0,778				
	1		0,546	0,546		0,546			0,546			0,546	0,546
$d_{st} = 0,01$ m	0	3,0	— 0,719	— 0,719		— 0,719		— 0,719	— 0,815				
	1		0,553	0,553		0,553			0,553			0,553	0,553
$d_m = 0,14$ m	0	5,0	— 0,865	— 0,865		— 0,865			— 0,877	— 0,951	— 1,175	— 1,378	— 1,457
	1		0,558	0,558		0,558			0,558		0,558	0,558	0,558

Zahlentafel 6. *Mauerzylinder. Maxima der Tangentialspannung*

	ξ	h	$\gamma^2 = 0{,}05$	0,1	0,2	0,4	0,8	0,9	1,0	1,4	2	4	16	50
	0	0,08	— 0,0622	— 0,118	— 0,213		— 0,557					— 1,080	— 1,390	— 1,520
	1		1,085	1,085			1,085					1,085		1,085
$g = 1{,}8$	0	0,6	— 0,0706	— 0,130				— 0,620				— 1,087		
	1		0,818	0,818	.			0,818				0,818		0,818
$c = 0{,}8$ m	0	1,0	— 0,122	— 0,160	— 0,264		— 0,601					— 1,091		
	1		0,707	0,707			0,707					0,707		0,707
$d_{st} = 0{,}03$ m	0	1,8	— 0,498	— 0,498	— 0,498		— 0,647					— 1,100	— 1,396	— 1,521
$d_m = 0{,}03$ m	1		0,580	0,580			0,580					0,580		0,580
	0	0,3	— 0,0386	— 0,0753	— 0,141	— 0,250	— 0,412					— 0,943	— 1,336	— 1,495
	1		0,845	0,845			0,845					0,845		0,845
$g = 0{,}7$	0	1,0	— 0,146	— 0,146		— 0,290	— 0,449					— 0,957		
	1		0,666	0,666			0,666					0,666		0,666
$c = 0{,}8$ m	0	1,8	— 0,504	— 0,504			— 0,522		— 0,568	— 0,663		— 0,976		
	1		0,572	0,572			0,572					0,572		0,572
$d_{st} = 0{,}03$ m	0	3,0	— 0,772	— 0,772			— 0,772				— 0,818	— 0,996	— 1,341	— 1,496
$d_m = 0{,}08$ m	1		0,501	0,501			0,501					0,501		0,501

Zahlentafel 7. *Mauerzylinder. Maxima der Tangentialspannung*

	ξ	h	$\gamma^2=0{,}05$	0,1	0,3	0,5	0,8	1,2	1,6	1,8	4	5	15	16	45	50	100
	0	0,3	−0,0312	−0,0612	−0,165		−0,355				−0,871			−1,294		−1,477	−1,532
$g=0{,}4$	1		0,749	0,749			0,749				0,749			0,749		0,749	0,749
	0	1,0	−0,170	−0,170	−0,201		−0,395				−0,888						
	1		0,627	0,627			0,627				0,627			0,627		0,627	
$c=0{,}8$ m	0	1,8	−0,510	−0,510			−0,510		−0,633		−0,906						
	1		0,562	0,562			0,562				0,562			0,562		0,562	
$d_{st}=0{,}03$ m	0	3,0	−0,766	−0,766			−0,766		−0,766		−0,934						
$d_m=0{,}14$ m	1		0,513	0,513			0,513				0,513			0,513		0,513	
	0	5,0	−0,965	−0,965			−0,965		−0,965		−1,008			−1,307		−1,478	−1,532
	1		0,475	0,475			0,475				0,475			0,475		0,475	0,475
	0	0,6	−0,0327	−0,0627	−0,170	−0,247		−0,454				−0,925		−1,275		−1,465	−1,526
	1		0,630	0,630				0,630				0,630		0,630		0,630	0,630
$g=0{,}3$	0	1,0	−0,190	−0,190		−0,278	−0,373				−0,858						
	1		0,593	0,593			0,593				0,593					0,593	0,593
$c=0{,}8$ m	0	1,8	−0,517	−0,517			−0,517			−0,640		−0,955	−1,260				
	1		0,551	0,551			0,551						0,551			0,551	0,551
$d_{st}=0{,}03$ m	0	3,0	−0,763	−0,763			−0,763			−0,763	−0,914			−1,282			
$d_m=0{,}2$ m	1		0,520	0,520			0,520				0,520			0,520		0,520	0,520
	0	8,0	−1,082	−1,082			−1,082				−1,082			−1,295	−1,455		−1,526
	1		0,479	0,479			0,479				0,479			0,479	0,479		0,479

Zahlentafel 8. *Mauerzylinder. Maxima der Tangentialspannung*

	ξ	h	$\gamma^2 = 0{,}05$	0,1	0,2	0,3	0,4	0,45	0,7	0,8	1,0	1,4	2	4	16	50
$g = 3{,}0$	0	0,08	−0,0880	−0,165				−0,492		−0,674				−1,166	−1,426	−1,533
	1		1,124	1,124						1,124				1,124		1,124
	0	0,6	−0,103		−0,320					−0,695				−1,169		
	1		0,837	0,837						0,837				0,837		0,837
$c = 0{,}8$ m	0	1,0	−0,123	−0,212	−0,338					−0,709						
	1		0,718	0,718						0,718				0,718		0,718
$d_{st} = 0{,}05$ m	0	1,8	−0,500	−0,500			−0,575		−0,707		−0,808			−1,178	−1,428	
$d_m = 0{,}03$ m	1		0,582	0,582						0,582				0,582		0,582
$g = 1{,}0$	0	0,3	−0,0280	−0,0910		−0,233				−0,471			−0,775	−1,012	−1,380	−1,525
	1		0,909	0,909						0,909				0,909		0,909
	0	1,0	−0,117	−0,121			−0,333			−0,503				−1,023		
	1		0,691	0,691						0,691				0,691		0,691
$c = 0{,}8$ m	0	1,8	−0,499	−0,499						−0,545				−1,036		
	1		0,576	0,576						0,576				0,576		0,576
$d_{st} = 0{,}05$ m	0	3,0	−0,786	−0,786						−0,786		−0,802	−0,872	−1,057	−1,385	−1,528
$d_m = 0{,}08$ m	1		0,489	0,489						0,489				0,489		0,489

Zahlentafel 9. *Mauerzylinder. Maxima der Tangentialspannung*

	ξ	h	$\gamma^2=0{,}05$	0,1	0,4	0,8	1,4	2,0	2,2	2,4	4	5	7,5	14	16	50	100
$g=0{,}6$	0	0,3	−0,0395	−0,0679	−0,239	−0,396					−0,945				−1,365	−1,525	−1,569
	1		0,839	0,839		0,839					0,839				0,839		0,839
	0	1,0	−0,126	−0,126	−0,274	−0,438					−0,959						
	1		0,662	0,662		0,662					0,662				0,662		0,662
$c=0{,}8$ m	0	1,8	−0,503	−0,503		−0,510	−0,650				−0,976						
	1		0,568	0,568		0,568					0,568				0,568		0,568
$d_{st}=0{,}05$ m	0	3,0	−0,785	−0,785		−0,785			−0,802		−1,009						
$d_m=0{,}14$ m	1		0,497	0,497		0,497					0,497				0,497		0,497
	0	5,0	−1,005	−1,005		−1,005					−1,058			−1,342		−1,525	−1,569
	1		0,443	0,443		0,443					0,443			0,443			0,443
$g=0{,}5$	0	0,6	−0,0386	−0,0731	−0,239	−0,396					−0,929				−1,347	−1,520	−1,567
	1		0,701	0,701		0,701					0,701					0,701	0,701
	0	1,0	−0,134	−0,134	−0,265	−0,419					−0,938						
	1		0,635	0,635		0,635					0,635					0,635	0,635
$c=0{,}8$ m	0	1,8	−0,507	−0,507		−0,507	−0,731					−1,033					
	1		0,559			0,559						0,559					0,559
	0	3,0	−0,786	−0,786		−0,786				−0,850		−1,052					
	1		0,503			0,503						0,503					0,503
$d_{st}=0{,}05$ m	0	5,0	−1,003	−1,003		−1,003					−1,044						
$d_m=0{,}2$ m	1		0,459			0,459					0,459						0,459
	0	8,0	−1,148	−1,148		−1,148					−1,148		−1,222		−1,367	−1,520	−1,567
	1		0,429			0,429					0,429						0,429

Zahlentafel 10. *Maxima der Tangentialspannung in der inneren Mantelfläche des Stahlzylinders* $r = b$, $\zeta = 0$

	h	$\gamma^2 = 0,05$	0,1	0,3	0,8	2,0	4,0	5,0	15	16	48	50
$g = 0,2$ $\quad c = 0,8$ m	0,08	0,0172	0,0333	0,0958	0,240		0,790		1,380			1,629
$d_{st} = 0,004$ m $\quad d_m = 0,03$ m	1,8	0,0262	0,0512		0,324	0,610		1,016	1,453		1,665	
$g = 0,1$ $\quad c = 0,8$ m	0,08	0,0196	0,0380		0,270		0,960			1,791		2,141
	1,0	0,0232	0,0458		0,322		1,037			1,852		2,175
$d_{st} = 0,004$ m	2,5	0,515	0,515		0,525		1,245			1,966		2,235
$d_m = 0,06$ m	3,0	0,928			0,928		1,335			2,007		2,260
$g = 0,6$ $\quad c = 0,8$ m	0,08	0,0160	0,0299		0,207		0,588			0,914		1,002
$d_{st} = 0,01$ m $\quad d_m = 0,03$ m	1,8	0,0225	0,0436		0,253		0,645			0,939		1,015

Zahlentafel 11. *Maxima der Tangentialspannung in der inneren Mantelfläche des Stahlzylinders* $r = b$, $\zeta = 0$

	h	$\gamma^2 = 0{,}05$	0,1	0,8	4,0	14	16	50	90	100
$g = 0{,}3$	0,08	0,0180	0,0350	0,243	0,776		1,320	1,500		
$c = 0{,}8$ m	1,0	0,0207	0,0412	0,276	0,827	1,309		1,518		
$d_{st} = 0{,}01$ m	2,5	0,327	0,327	0,356	0,925		1,398	1,546		
$d_m = 0{,}06$ m	3,0	0,589	0,589	0,589	0,971		1,420	1,555		
	0,3	0,0190	0,0377	0,274	0,940		1,744	2,083		2,130
$g = 0{,}1$	1,0	0,0220	0,0440	0,310	0,997		1,793	2,109	2,151	
	2,5	0,464	0,464	0,492	1,201		1,906	2,169		2,206
$c = 0{,}8$ m	3,0	0,875	0,875	0,875	1,300		1,950	2,193		2,225
$d_{st} = 0{,}01$ m	4,0	1,450	1,450	1,450	1,520		2,033	2,236		2,262
$d_m = 0{,}14$ m	5,0	1,833	1,833	1,833	1,833		2,130	2,284		2,303

Zahlentafel 12. *Maxima der Tangentialspannung in der inneren Mantelfläche des Stahlzylinders* $r = b$, $\zeta = 0$

	h	$\gamma^2 = 0{,}05$	0,1	0,8	4,0	15	16	50	100
$g = 1{,}8$ $c = 0{,}8$ m	0,08		0,005	0,150	0,333		0,442	0,470	
$d_{st} = 0{,}03$ m $d_{.n} = 0{,}03$ m	1,8		0,011	0,167	0,346		0,447	0,475	
$g = 0{,}7$	0,3		0,010	0,211	0,590		0,886	0,963	
$c = 0{,}8$ m	2,5	0,185	0,185	0,269	0,630		0,915		
$d_{st} = 0{,}03$ m $d_m = 0{,}08$ m	3,0	0,337	0,337	0,340	0,668		0,921	0,985	
$g = 0{,}4$	0,3	0,0181	0,0355	0,245	0,744		1,216	1,365	1,378
$c = 0{,}8$ m	3,0	0,498		0,498	0,920	1,274		1,395	1,413
$d_{st} = 0{,}03$ m $d_m = 0{,}14$ m	5,0	1,045		1,045	1,061		1,348	1,434	1,442

Zahlentafel 13. *Maxima der Tangentialspannung in der inneren Mantelfläche des Stahlzylinders* $r = b$, $\zeta = 0$

	h	$\gamma^2 = 0{,}05$	0,1	0,8	1,0	4,0	5,0	16	45	50	100
$g = 0{,}3$	0,6	0,0204	0,0404	0,280			0,968	1,440		1,639	1,667
$c = 0{,}8$ m	3,0	0,602		0,602		1,049		1,540		1,694	1,711
$d_{st} = 0{,}03$ m	5,0	1,298		1,298		1,395		1,631		1,742	1,754
$d_m = 0{,}20$ m	8,0	1,762		1,762		1,762		1,781	1,828		1,836
$g = 3{,}0$	0,08	0,0121	0,0240	0,119		0,243		0,300		0,309	
$c = 0{,}8$ m $d_{st} = 0{,}05$ m $d_m = 0{,}03$ m	1,8	0,0170	0,0300		0,149	0,248		0,303		0,311	
$g = 1{,}0$	0,3	0,0138	0,0269	0,173		0,439		0,631		0,674	
$c = 0{,}8$ m $d_{st} = 0{,}05$ m $d_m = 0{,}08$ m	3,0	0,225	0,225	0,246		0,486		0,650		0,686	

Zahlentafel 14. *Maxima der Tangentialspannung in der inneren Mantelfläche des Stahlzylinders* $r = b$, $\zeta = 0$

	h	$\gamma^2 = 0{,}05$	0,1	0,8	4,0	5,0	14	15	16	50	100
$g = 0{,}6$	0,3	0,0160	0,0311	0,207	0,594				0,933	1,012	1,023
$c = 0{,}8$ m	3,0	0,351		0,351	0,694				0,964		1,042
$d_{st} = 0{,}05$ m $d_m = 0{,}14$	5,0	0,738		0,738	0,774		0,990			1,055	1,060
$g = 0{,}5$	0,6	0,0191	0,0382	0,255	0,742				1,169	1,292	1,310
$c = 0{,}8$ m	3,0	0,444		0,444		0,930			1,224	1,324	1,340
$d_{st} = 0{,}05$ m	5,0	0,959		0,959	1,018			1,266			1,358
$d_m = 0{,}2$ m	8,0	1,302			1,302				1,365	1,405	1,406

Zahlentafel 15. *Tangentialspannung im Mauerwerk an der Stelle $r = a$, $\xi = 0$ nach Beendigung der Anheizung.*
Behälteraußenradius $c = 0,8$ m

	$d_{st} = 0,004$ m			$d_{st} = 0,01$ m		
h	$d_m = 0,03$ m	0,06 m	0,10 m	$d_m = 0,03$ m	0,06 m	0,14 m
0,08	0,599	0,412	0,286	0,833	0,688	0,473
0,3	0,292	0,154	0,0597	0,464	0,357	0,197
0,6	0,00946	− 0,0841	− 0,148	0,125	0,0525	− 0,0575
1,0	− 0,235	− 0,290	− 0,329	− 0,169	− 0,212	− 0,278
1,8	− 0,515	− 0,526	− 0,535	− 0,506	− 0,513	− 0,530
3,0	− 0,729	− 0,702	− 0,690	− 0,760	− 0,740	− 0,719
5,0	− 0,893	− 0,851	− 0,810	− 0,954	− 0,924	− 0,865

	$d_{st} = 0,03$ m				$d_{st} = 0,05$ m			
h	$d_m = 0,03$ m	0,08 m	0,14 m	0,20 m	$d_m = 0,03$ m	0,08 m	0,14 m	0,20 m
0,08	1,001	0,922	0,847	0,787	1,043	1,021	0,997	0,976
0,3	0,588	0,529	0,473	0,428	0,619	0,602	0,584	0,568
0,6	0,208	0,168	0,129	0,0968	0,229	0,217	0,204	0,192
1,0	− 0,122	− 0,146	− 0,170	− 0,190	− 0,110	− 0,118	− 0,126	− 0,134
1,8	− 0,498	− 0,504	− 0,510	− 0,517	− 0,500	− 0,499	− 0,503	− 0,507
3,0	− 0,781	− 0,772	− 0,766	− 0,763	− 0,787	− 0,786	− 0,785	− 0,786
5,0	− 1,003	− 0,981	− 0,965	− 0,954	− 1,012	− 1,008	− 1,005	− 1,003
8,0	− 1,147	− 1,120	− 1,097	− 1,082	− 1,163	− 1,157	− 1,152	− 1,148

Zahlentafel 16. *Tangentialspannung im Mauerwerk an der Stelle* $r = b$, $\xi = 1$ *nach Beendigung der Anheizung.*
Behälteraußenradius $c = 0,8$ m

	$d_{st} = 0,004$ m			$d_{st} = 0,01$ m		
h	$d_m = 0,03$ m	0,06 m	0,10 m	$d_m = 0,03$ m	0,06 m	0,14 m
0,08	0,699	0,502	0,369	0,924	0,758	0,511
0,3	0,662	0,516	0,417	0,827	0,704	0,520
0,6	0,627	0,529	0,461	0,738	0,655	0,529
1,0	0,598	0,540	0,499	0,661	0,613	0,537
1,8	0,564	0,553	0,543	0,573	0,564	0,546
3,0	0,534	0,562	0,576	0,504	0,531	0,553
5,0	0,514	0,558	0,601	0,456	0,491	0,558

	$d_{st} = 0,03$ m				$d_{st} = 0,05$ m			
h	$d_m = 0,03$ m	0,08 m	0,14 m	0,20 m	$d_m = 0,03$ m	0,08 m	0,14 m	0,20 m
0,08	1,085	0,949	0,820	0,719	1,124	1,036	0,942	0,860
0,3	0,946	0,845	0,749	0,673	0,975	0,909	0,839	0,777
0,6	0,818	0,749	0,683	0,630	0,837	0,792	0,744	0,701
1,0	0,707	0,666	0,627	0,593	0,718	0,691	0,662	0,635
1,8	0,580	0,572	0,562	0,551	0,582	0,576	0,568	0,559
3,0	0,485	0,501	0,513	0,520	0,479	0,489	0,497	0,503
5,0	0,408	0,445	0,475	0,495	0,400	0,422	0,443	0,459
8,0	0,362	0,408	0,450	0,479	0,347	0,377	0,406	0,429

Zahlentafel 17. *Tangentialspannung im Stahlmantel an der Stelle* $r = b$, $\zeta = 0$ *nach Beendigung der Anheizung.*
Behälteraußenradius $c = 0,8$ m

$d_{st} = 0,004$ m $d_{st} = 0,01$ m

h	$d_m = 0,03$ m	0,06 m	0,10 m	$d_m = 0,03$ m	0,06 m	0,14 m
0,08	− 4,884	− 6,877	− 8,216	− 2,653	− 4,363	
0,3	− 3,596	− 5,068	− 6,062	− 1,953	− 3,215	− 5,097
0,6	− 2,410	− 3,402	− 4,079	− 1,309	− 2,158	− 3,438
1,0	− 1,382	− 1,959	− 2,360	− 0,751	− 1,243	− 2,001
1,8	− 0,207	− 0,309	− 0,396	− 0,113	− 0,164	− 0,310
3,0	+ 0,673	+ 0,928	+ 1,077	+ 0,366	+ 0,589	+ 0,875
5,0			+ 2,223			+ 1,833

$d_{st} = 0,03$ m $d_{st} = 0,05$ m

h	$d_m = 0,03$ m	0,08 m	0,14 m	0,20 m	$d_m = 0,03$ m	0,08 m	0,14 m	0,20 m
0,08	− 1,063				− 0,673			
0,3	− 0,783	− 1,873	− 2,911		− 0,495	− 1,253	− 2,060	
0,6	− 0,525	− 1,259	− 1,964	− 2,529	− 0,332	− 0,842	− 1,390	− 1,875
1,0	− 0,301	− 0,727	− 1,143	− 1,486	− 0,190	− 0,486	− 0,810	− 1,102
1,8	− 0,0453	− 0,119	− 0,205	− 0,293	− 0,0287	− 0,0797	− 0,146	− 0,219
3,0	+ 0,147	+ 0,337	+ 0,498	+ 0,602	+ 0,0926	+ 0,225	+ 0,351	+ 0,444
5,0			+ 1,045	+ 1,260			+ 0,738	+ 0,959
8,0				+ 1,762				+ 1,302

Zahlentafel 18. *Kenngröße A für die Berechnung der Spannungen in der inneren Mantelfläche des Mauerzylinders $r = a$, infolge Quellung bei verschiedenen Behälteraußenradien*
$c = 0{,}4 \quad 0{,}6 \quad 0{,}8 \quad 1{,}0 \quad 1{,}2 \quad 1{,}4 \quad 1{,}6 \quad 2{,}0$ m

$d_{st} = 0{,}004$ m $\qquad\qquad d_{st} = 0{,}01$ m

c	$d_m = 0{,}03$ m	0,08 m	0,14 m	0,20 m	$d_m = 0{,}03$ m	0,08 m	0,14 m	0,20 m
0,4 m	1,282	0,811	0,592	0,488	1,747	1,397	1,163	1,028
0,6 m	1,254	0,772	0,546	0,434	1,701	1,314	1,055	0,900
0,8 m	1,240	0,753	0,524	0,410	1,679	1,275	1,006	0,844
1,0 m	1,232	0,742	0,512	0,397	1,666	1,252	0,978	0,812
1,2 m	1,227	0,735	0,504	0,389	1,657	1,237	0,960	0,792
1,4 m	1,223	0,730	0,498	0,383	1,651	1,227	0,947	0,778
1,6 m	1,220	0,726	0,494	0,378	1,647	1,219	0,937	0,767
2,0 m	1,216	0,721	0,488	0,372	1,640	1,209	0,924	0,753

$d_{st} = 0{,}02$ m $\qquad\qquad d_{st} = 0{,}03$ m $\qquad\qquad d_{st} = 0{,}05$ m

c	$d_m = 0{,}03$ m	0,08 m	0,14 m	0,20 m	$d_m = 0{,}03$ m	0,08 m	0,14 m	0,20 m	$d_m = 0{,}03$ m	0,08 m	0,14 m	0,20 m
0,4 m	1,989	1,845	1,720	1,634	2,089	2,073	2,057	2,045	2,183	2,317	2,465	2,590
0,6 m	1,931	1,718	1,535	1,405	2,024	1,916	1,813	1,732	2,107	2,118	2,130	2,141
0,8 m	1,904	1,659	1,452	1,303	1,993	1,845	1,705	1,595	2,073	2,031	1,987	1,949
1,0 m	1,888	1,625	1,404	1,247	1,976	1,805	1,645	1,519	2,053	1,983	1,909	1,845
1,2 m	1,877	1,603	1,374	1,211	1,964	1,779	1,606	1,471	2,040	1,951	1,859	1,779
1,4 m	1,870	1,588	1,353	1,186	1,956	1,761	1,579	1,438	2,032	1,930	1,825	1,735
1,6 m	1,864	1,576	1,337	1,168	1,950	1,747	1,560	1,414	2,025	1,914	1,800	1,703
2,0 m	1,856	1,560	1,316	1,142	1,942	1,729	1,533	1,381	2,016	1,892	1,766	1,659

Zahlentafel 19. *Kenngröße C für die Berechnung der Spannungen in der äußeren Mantelfläche des Mauerzylinders $r = b$, infolge Quellung bei verschiedenen Behälteraußenradien*

$$c = 0,4 \quad 0,6 \quad 0,8 \quad 1,0 \quad 1,2 \quad 1,4 \quad 1,6 \quad 2,0 \text{ m}$$

$d_{st} = 0,004$ m $\qquad\qquad d_{st} = 0,01$ m

c	$d_m = 0,03$ m	0,08 m	0,14 m	0,20 m	$d_m = 0,03$ m	0,08 m	0,14 m	0,20 m
0,4 m	1,189	0,664	0,420	0,304	1,618	1,140	0,821	0,636
0,6 m	1,193	0,675	0,432	0,313	1,617	1,148	0,835	0,647
0,8 m	1,194	0,681	0,440	0,320	1,616	1,152	0,843	0,657
1,0 m	1,196	0,685	0,445	0,325	1,616	1,155	0,849	0,665
1,2 m	1,196	0,687	0,448	0,329	1,616	1,157	0,853	0,670
1,4 m	1,197	0,689	0,451	0,332	1,616	1,158	0,856	0,674
1,6 m	1,197	0,690	0,453	0,334	1,616	1,159	0,859	0,677
2,0 m	1,198	0,692	0,455	0,337	1,616	1,161	0,862	0,681

$d_{st} = 0,02$ m $\qquad\qquad d_{st} = 0,03$ m $\qquad\qquad d_{st} = 0,05$ m

c	$d_m = 0,03$ m	0,08 m	0,14 m	0,20 m	$d_m = 0,03$ m	0,08 m	0,14 m	0,20 m	$d_m = 0,03$ m	0,08 m	0,14 m	0,20 m
0,4 m	1,838	1,497	1,203	1,001	1,926	1,673	1,426	1,238	2,004	1,848	1,677	1,533
0,6 m	1,834	1,497	1,209	1,004	1,920	1,666	1,422	1,231	1,995	1,833	1,657	1,504
0,8 m	1,832	1,497	1,214	1,012	1,917	1,664	1,423	1,235	1,991	1,826	1,651	1,499
1,0 m	1,831	1,498	1,218	1,018	1,915	1,662	1 424	1,238	1,989	1,823	1,648	1,497
1,2 m	1,830	1,498	1,221	1,023	1,914	1,661	1,425	1,241	1,988	1,820	1,646	1,497
1,4 m	1,829	1,498	1,223	1,027	1,914	1,661	1,426	1,244	1,987	1,819	1,645	1,497
1,6 m	1,829	1,498	1,224	1,029	1,913	1,660	1,427	1,245	1,986	1,818	1,645	1,497
2,0 m	1,828	1,499	1,226	1,032	1,912	1,660	1,428	1,248	1,985	1,816	1,644	1,497

Zahlentafel 20. *Kenngröße B für die Berechnung der Spannungen in der inneren Mantelfläche des Mauerzylinders $r = a$, infolge Behälterüberdruck bei verschiedenen Behälteraußenradien*

$$c = 0,4 \quad 0,6 \quad 0,8 \quad 1,0 \quad 1,2 \quad 1,4 \quad 1,6 \quad 2,0 \text{ m}$$

	$d_{st} = 0,004$ m				$d_{st} = 0,01$ m			
c	$d_m = 0,03$ m	0,08 m	0,14 m	0,20 m	$d_m = 0,03$ m	0,08 m	0,14 m	0,20 m
0,4 m	5,562	3,152	2,031	1,498	2,938	2,149	1,622	1,318
0,6 m	8,403	4,786	3,090	2,254	4,454	3,213	2,384	1,887
0,8 m	11,253	6,438	4,177	3,053	5,982	4,301	3,184	2,509
1,0 m	14,105	8,095	5,275	3,867	7,514	5,400	3,998	3,150
1,2 m	16,959	9,756	6,377	4,688	9,049	6,502	4,818	3,801
1,4 m	19,814	11,419	7,481	5,513	10,585	7,609	5,643	4,456
1,6 m	22,669	13,082	8,588	6,340	12,120	8,714	6,470	5,115
2,0 m	28,381	16,411	10,804	7,998	15,195	10,930	8,127	6,436

	$d_{st} = 0,02$ m				$d_{st} = 0,03$ m				$d_{st} = 0,05$ m			
c	$d_m = 0,03$ m	0,08 m	0,14 m	0,20 m	$d_m = 0,03$ m	0,08 m	0,14 m	0,20 m	$d_m = 0,03$ m	0,08 m	0,14 m	0,20 m
0,4 m	1,590	1,402	1,240	1,128	1,058	1,042	1,026	1,014	0,598	0,696	0,804	0,895
0,6 m	2,434	2,054	1,730	1,498	1,636	1,495	1,361	1,255	0,942	0,953	0,964	0,973
0,8 m	3,292	2,739	2,272	1,938	2,228	1,988	1,762	1,583	1,306	1,259	1,210	1,167
1,0 m	4,154	3,437	2,835	2,404	2,827	2,496	2,186	1,943	1,674	1,582	1,485	1,402
1,2 m	5,019	4,139	3,406	2,882	3,428	3,010	2,620	2,317	2,046	1,913	1,774	1,656
1,4 m	5,885	4,847	3,983	3,368	4,030	3,528	3,061	2,699	2,418	2,248	2,071	1,920
1,6 m	6,752	5,555	4,562	3,856	4,634	4,048	3,506	3,085	2,793	2,585	2,372	2,190
2,0 m	8,487	6,976	5,727	4,844	5,842	5,092	4,401	3,867	3,545	3,265	2,981	2,739

Zahlentafel 21. *Kenngröße D für die Berechnung der Spannungen in der äußeren Mantelfläche des Mauerzylinders* $r = b$ *infolge Behälterüberdruck bei verschiedenen Behälteraußenradien*

$c = 0{,}4 \quad 0{,}6 \quad 0{,}8 \quad 1{,}0 \quad 1{,}2 \quad 1{,}4 \quad 1{,}6 \quad 2{,}0$ m

$d_{st} = 0{,}004$ m $\qquad\qquad$ $d_{st} = 0{,}01$ m

c	$d_m = 0{,}03$ m	0,08 m	0,14 m	0,20 m	$d_m = 0{,}03$ m	0,08 m	0,14 m	0,20 m
0,4 m	5,084	2,398	1,149	0,555	2,646	1,570	0,850	0,434
0,6 m	7,942	4,062	2,242	1,345	4,184	2,681	1,676	1,074
0,8 m	10,800	5,728	3,347	2,163	5,721	3,792	2,508	1,733
1,0 m	13,657	7,394	4,455	2,988	7,260	4,903	3,341	2,397
1,2 m	16,516	9,061	5,564	3,816	8,799	6,015	4,174	3,062
1,4 m	19,371	10,727	6,674	4,647	10,337	7,127	5,008	3,728
1,6 m	22,228	12,394	7,784	5,478	11,875	8,237	5,841	4,394
2,0 m	27,943	15,727	10,005	7,142	14,952	10,460	7,508	5,727

$d_{st} = 0{,}02$ m $\qquad\qquad$ $d_{st} = 0{,}03$ m $\qquad\qquad$ $d_{st} = 0{,}05$ m

c	$d_m = 0{,}03$ m	0,08 m	0,14 m	0,20 m	$d_m = 0{,}03$ m	0,08 m	0,14 m	0,20 m	$d_m = 0{,}03$ m	0,08 m	0,14 m	0,20 m
0,4 m	1,394	0,950	0,567	0,303	0,898	0,648	0,404	0,220	0,467	0,352	0,227	0,122
0,6 m	2,261	1,662	1,150	0,785	1,500	1,170	0,852	0,603	0,839	0,689	0,528	0,386
0,8 m	3,130	2,375	1,738	1,282	2,106	1,694	1,305	0,999	1,215	1,031	0,836	0,666
1,0 m	3,998	3,089	2,326	1,781	2,710	2,220	1,759	1,398	1,591	1,373	1,146	0,950
1,2 m	4,866	3,804	2,914	2,281	3,316	2,745	2,213	1,798	1,967	1,717	1,457	1,234
1,4 m	5,737	4,518	3,503	2,780	3,921	3,271	2,668	2,198	2,342	2,061	1,769	1,519
1,6 m	6,606	5,232	4,091	3,281	4,527	3,797	3,122	2,598	2,721	2,405	2,081	1,805
2,0 m	8,345	6,660	5,268	4,284	5,739	4,849	4,031	3,398	3,475	3,094	2,705	2,375

Zahlentafel 22. *Kenngröße G für die Berechnung der Spannungen in der inneren Mantelfläche des Stahlzylinders $r = b$ infolge Quellung bei verschiedenen Behälteraußenradien*

$$c = 0{,}4 \quad 0{,}6 \quad 0{,}8 \quad 1{,}0 \quad 1{,}2 \quad 1{,}4 \quad 1{,}6 \quad 2{,}0 \text{ m}$$

	$d_{st} = 0{,}004$ m				$d_{st} = 0{,}01$ m			
c	$d_m = 0{,}03$ m	0,08 m	0,14 m	0,20 m	$d_m = 0{,}03$ m	0,08 m	0,14 m	0,20 m
0,4 m	9,313	14,675	17,174	18,361	5,104	10,161	13,539	15,486
0,6 m	9,208	14,459	16,921	18,135	5,016	9,882	13,133	15,081
0,8 m	9,155	14,346	16,782	17,994	4,972	9,744	12,917	14,832
1,0 m	9,124	14,277	16,696	17,902	4,947	9,661	12,785	14,674
1,2 m	9,104	14,231	16,637	17,839	4,929	9,606	12,697	14,565
1,4 m	9,089	14,199	16,595	17,793	4,918	9,566	12,633	14,487
1,6 m	9,078	14,174	16,563	17,758	4,909	9,537	12,586	14,427
2,0 m	9,062	14,139	16,518	17,708	4,896	9,496	12,519	14,343

	$d_{st} = 0{,}02$ m				$d_{st} = 0{,}03$ m				$d_{st} = 0{,}05$ m			
c	$d_m = 0{,}03$ m	0,08 m	0,14 m	0,20 m	$d_m = 0{,}03$ m	0,08 m	0,14 m	0,20 m	$d_m = 0{,}03$ m	0,08 m	0,14 m	0,20 m
0,4 m	2,943	6,778	10,090	12,368	2,089	5,137	8,110	10,366	1,349	3,534	5,943	7,963
0,6 m	2,871	6,508	9,614	11,830	2,024	4,880	7,622	9,777	1,288	3,292	5,453	7,339
0,8 m	2,837	6,376	9,369	11,511	1,993	4,758	7,378	9,436	1,261	3,183	5,218	6,989
1,0 m	2,817	6,299	9,223	11,311	1,976	4,687	7,233	9,226	1,245	3,120	5,084	6,780
1,2 m	2,804	6,247	9,126	11,177	1,963	4,642	7,139	9,086	1,235	3,080	4,996	6,644
1,4 m	2,794	6,211	9,056	11,080	1,956	4,608	7,071	8,986	1,228	3,053	4,936	6,547
1,6 m	2,787	6,184	9,004	11,007	1,950	4,584	7,021	8,912	1,223	3,032	4,891	6,475
2,0 m	2,777	6,147	8,932	10,899	1,942	4,551	6,951	8,807	1,216	3,004	4,829	6,376

Zahlentafel 23. *Kenngröße H für die Berechnung der Spannungen in der inneren Mantelfläche des Stahlzylinders $r = b$ infolge Behälterüberdruck bei verschiedenen Behälteraußenradien*

$$c = 0,4 \quad 0,6 \quad 0,8 \quad 1,0 \quad 1,2 \quad 1,4 \quad 1,6 \quad 2,0 \ \mathrm{m}$$

$d_{st} = 0,004$ m, $d_{st} = 0,01$ m

c	$d_m = 0,03$ m	0,08 m	0,14 m	0,20 m	$d_m = 0,03$ m	0,08 m	0,14 m	0,20 m
0,4 m	51,973	24,510	11,744	5,674	27,998	16,604	8,992	4,591
0,6 m	80,588	41,215	22,752	13,652	43,421	27,817	17,395	11,146
0,8 m	109,18	57,906	33,835	21,865	58,824	38,982	25,782	17,817
1,0 m	137,76	74,588	44,935	30,142	74,219	50,124	34,152	24,500
1,2 m	166,34	91,266	56,042	38,445	89,615	61,257	42,507	31,178
1,4 m	194,92	107,94	67,153	46,759	105,00	72,374	50,865	37,864
1,6 m	223,50	124,62	78,263	55,076	120,39	83,507	59,213	44,542
2,0 m	280,65	157,96	100,48	71,726	151,16	105,75	75,902	57,893

$d_{st} = 0,02$ m, $d_{st} = 0,03$ m, $d_{st} = 0,05$ m

c	$d_m = 0,03$ m	0,08 m	0,14 m	0,20 m	$d_m = 0,03$ m	0,08 m	0,14 m	0,20 m	$d_m = 0,03$ m	0,08 m	0,14 m	0,20 m
0,4 m	15,680	10,683	6,376	3,408	10,795	7,792	4,864	2,642	6,546	4,947	3,184	1,706
0,6 m	24,403	17,936	12,413	8,473	16,877	13,158	9,587	6,781	10,334	8,487	6,496	4,757
0,8 m	33,111	25,132	18,385	13,559	22,948	18,471	14,228	10,894	14,114	11,977	9,713	7,745
1,0 m	41,814	32,307	24,323	18,620	29,014	23,762	18,831	14,971	17,891	15,449	12,893	10,683
1,2 m	50,513	39,469	30,246	23,665	35,077	29,045	23,415	19,022	21,668	18,912	16,053	13,596
1,4 m	59,214	46,629	36,154	28,698	41,142	34,321	27,989	23,062	25,443	22,372	19,201	16,492
1,6 m	67,912	53,783	42,056	33,724	47,205	39,594	32,555	27,091	29,217	25,828	22,346	19,377
2,0 m	85,308	68,085	53,851	43,730	59,328	50,134	41,674	35,133	36,765	32,735	28,621	25,132

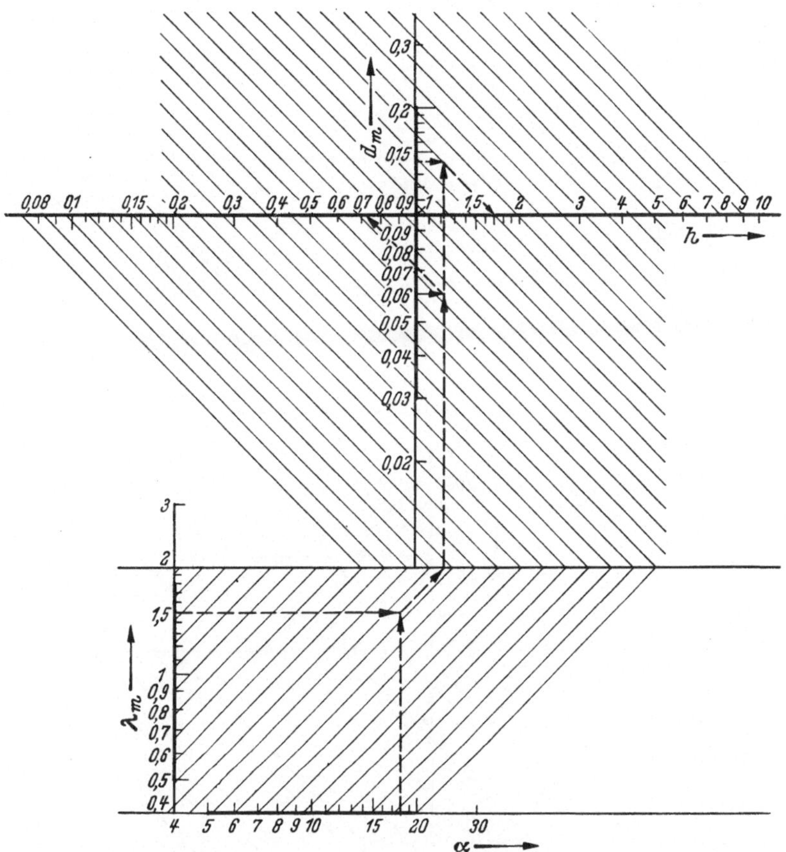

Abb. 58. Netztafel zur Ermittlung des dimensionslosen Parameters $h = \dfrac{\alpha\,d_m}{\lambda_m}$.

Die Dimensionen der eingehenden Größen sind

$\dfrac{\text{kcal}}{\text{m}^2\,\text{Grd Std}}$ für α,   m für d_m, $\dfrac{\text{kcal}}{\text{m Grd Std}}$ für λ_m.

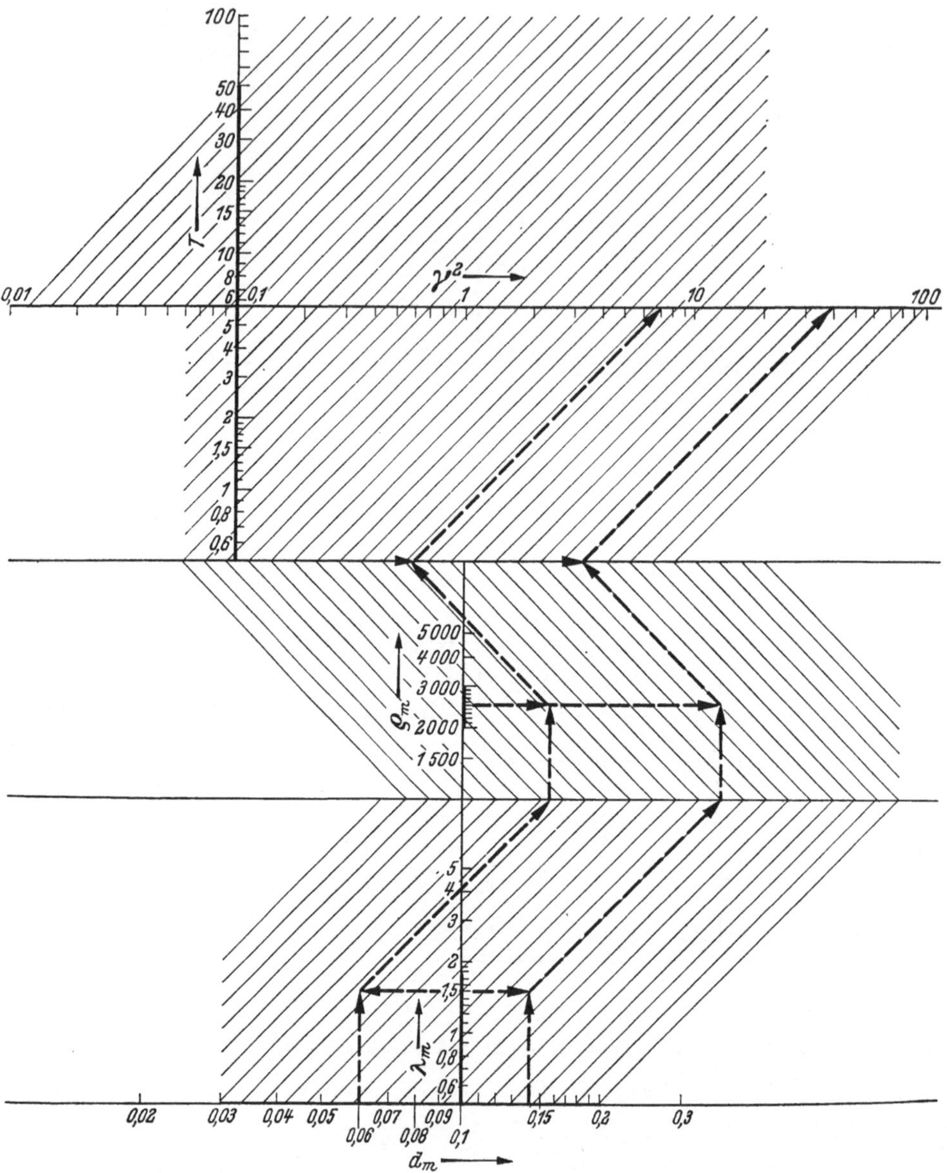

Abb. 59. Netztafel zur Ermittlung des dimensionslosen Anheizfaktors $\gamma^2 = 0,6 \, \dfrac{d_m^2 \, \varrho_m}{\lambda_m \, T}$.

Die Dimensionen der eingehenden Größen sind

m für d_m, $\dfrac{\text{kg}}{\text{m}^3}$ für ϱ_m, $\dfrac{\text{kcal}}{\text{m Grd Std}}$ für λ_m,   Std. für T.